50일 맛있게 살 빼는
1일 7·8·900kcal
다이어트 식단

🍶 50일 맛있게 살 빼는 🖋

1일 7·8·900kcal
다이어트 식단

초판 1쇄 인쇄 2024년 11월 13일
초판 1쇄 발행 2024년 11월 20일

지은이 신아림
사진·어시스트 김동한

발행인 장상진
발행처 (주)경향비피
등록번호 제2012-000228호
등록일자 2012년 7월 2일

주소 서울시 영등포구 양평동 2가 37-1번지 동아프라임밸리 507-508호
전화 1644-5613 | **팩스** 02) 304-5613

ISBN 978-89-6952-600-7 13590

700 800 900

kcal

50일 맛있게 살 빼는

1일 7·8·900kcal 다이어트 식단

신아림 지음

경향BP

몸도 마음도 가벼운
저칼로리 한 끼

우리가 매일 먹는 음식은 단순히 배고픔을 해결하는 것을 넘어, 우리 삶의 질과 건강에 깊은 영향을 미칩니다. 아침에 마시는 따뜻한 커피 한 잔과 함께하는 간단한 식사부터 저녁에 온 가족이 둘러앉아 나누는 식사까지 음식은 우리의 일상과 감정을 채우는 중요한 요소입니다. 하지만 바쁜 현대인은 '일상의 건강한 식사'를 놓치기 쉽습니다. 가공식품이나 패스트푸드로 허기만 빠르게 해결하다 보면 어느새 건강을 잃거나 체중이 증가하고 맙니다.

이 책에 실린 레시피로 건강하고 균형 잡힌 식단을 유지하면서 결과적으로 삶의 질을 높일수 있습니다. 건강한 식사는 선택이 아닌 필수입니다. 그러나 많은 사람이 '건강한 음식'이라고 하면 밍밍한 맛일 거라고 생각합니다. 그도 그럴 것이 우리는 오랫동안 '맛'과 '건강' 사이에서 항상 선택해야만 했습니다. 하지만 이 2가지를 동시에 만족시키는 일이 불가능한 것만은 아닙니다. 이 책은 "맛있으면서도 건강한 음식은 없을까?"라는 질문에서 시작되었습니다.

저는 '아리미디저트'라는 이름으로 오랜 기간 카페 메뉴 컨설턴트로 활동했습니다. 많은 클래스와 컨설팅을 진행해 온 과정 속에서도 '건강과 맛의 조화'는 늘 고민의 대상이자 해결해야 할 과제였습니다. 그동안 개발한 수많은 디저트와 요리 레시피 중 꾸준히 사랑받는 메뉴는 화려하고 중독적인 맛을 자랑하는 것보다는 조금은 소박하고 단출하지만 건강과 맛의 균형을 이룬 것이었습니다. 건강을 챙기고 싶으면서도 맛을 놓치기 싫은 바람을 모두 충족해 주기 때문이 아닐까 합니다.

요리 컨설턴트 이전에는 퍼스널 트레이너로 활동한 경험이 있습니다. 대학생 시절에 2급 생활스포츠지도자(보디빌딩) 자격증을 취득한 것이 계기였지요. 퍼스널 트레이너로 활동할 당시에는 맛을 포기한 채 엄격한 식단 관리로 매 끼니를 견뎌 내는 것이 당연한 일이었습니다. 그러다가 요리 컨설턴트로 레시피를 연구하면서 맛있고도 건강한 식사가 충분히 가능하다는 것을 알게 되었습니다. 식재료 본연의 맛과 영양을 살리고, 먹음직스러운 비주얼로 음식의 즐거움을 더하며 저칼로리가 되도록 신경 썼습니다. 부디 이 책이 건강한 식사를 하고 싶어 하는 당신에게 퍼스널 트레이너 역할을 대신해 주면 좋겠습니다.

저칼로리라고 해서 맛이 없을 필요는 없고, 맛이 좋다고 해서 건강을 해칠 필요도 없습니다. 이 책에서 제시하는 모든 레시피는 저칼로리이면서도 맛있고 영양소가 풍부하여 일상의 식사로 안성맞춤입니다. 우리는 건강한 식사를 선택함으로써 얻을 수 있는 기쁨과 만족감에 대해 다시 생각해 볼 필요가 있습니다. 저칼로리 식사는 지루하거나 단조롭지 않습니다. 오히려 더 창의적이고 다양한 조리법을 시도할 수 있는 기회입니다.

이 책에는 간단하게 준비할 수 있는 김밥부터, 언제 어디서나 가볍게 먹을 수 있는 유부초밥, 다양한 재료를 즐길 수 있는 또띠아샌드위치, 밥 마니아를 위한 덮밥 그리고 과일과 채소를 균형 있게 배합해 만드는 클렌즈주스까지 저칼로리 레시피 110개가 실려 있습니다. 모든 레시피는 쉽게 구할 수 있는 재료로 누구나 간단히 만들 수 있도록 신경 썼습니다.

1일 총 칼로리를 718~928칼로리를 넘지 않게 2가지 메뉴 조합을 제시하였습니다. 하루 두 끼씩 50일 구성의 조합이므로 그대로 따라 건강과 맛을 모두 챙기는 저칼로리 식단을 경험해 보세요. 놀랍도록 몸과 마음이 가벼워질 것입니다.

한때는 열혈 운동 마니아로, 현재는 요리 연구가로서 항상 건강한 한 끼를 고민하는 저의 경험과 노하우를 담아 자신 있게 추천합니다. 여러분의 건강과 즐거운 식사를 위해 이 책이 곁에 두고 오래도록 참고할 수 있는 동반자가 되기를 바랍니다.

이제, 여러분의 식탁에 건강하고 맛있는 변화의 바람을 불러일으킬 준비가 되셨나요? 이 책이 여러분의 일상에 작은 변화를 가져다줄 수 있기를 바라며, 건강하고 맛있는 한 끼의 세계로 여러분을 초대합니다.

더 건강해지기로 한 오늘
아리미디저트 신아림 드림

차례

1일 700kcal대 다이어트 식단

PART 2

1일 800kcal대
다이어트 식단

1일 900kcal대
다이어트 식단

저칼로리
클렌즈주스

다이어트 식단 조리 도구

❶ 계량컵/계량스푼   계량스푼과 계량컵으로 재료를 정확하게 계량하여야 일정한 맛을 낼 수 있다. 재료를 담은 후 윗부분을 평평하게 만들어 계량하여야 한다.

❷ 채소 탈수기   세척한 채소는 물기를 제거한 후에 사용해야 한다. 채소 탈수기에 넣고 돌리면 빠르게 물기를 제거할 수 있다. 채소 탈수기가 없는 경우에는 거름망(체) 또는 소쿠리를 받쳐 두고 대용할 수 있다.

❸ 채칼   채소를 얇게 썰거나 채 썰 때 사용한다. 채소의 길이가 짧거나 굴곡이 있으면 자칫 손가락이 베일 수 있으니 유의하여야 한다.

❹ 소스 통   다양한 소스를 가늘고 골고루 뿌릴 때 사용한다. 소스 활용에 따라 1구 또는 2구 등으로 입구를 구분해 줄 수 있다.

❺ 믹싱 볼   재료를 섞거나 반죽할 때 또는 몇 가지 재료를 무치거나 비빌 때 사용한다. 크기는 너무 크거나 작지 않은 것이 좋다.

이 책의 재료 계량

- 이 책의 모든 레시피는 계량컵과 계량스푼을 기준으로 표기하였다.
- 계량컵 1컵 200㎖, 계량스푼 1큰술(1T) 15㎖, 계량스푼 1작은술(1t) 5㎖ 기준이다.
- 계량 시 윗면을 평평하게 만들어 계량한다.
- 밥숟가락 1큰술은 보통 12~13㎖이므로 계량스푼 1큰술보다 양이 적다. 이를 감안하여 눈대중으로 조금 더 추가하여 계량한다.
- 이 책의 레시피 재료 중 채소는 중간 크기를 기준으로 하며, 평균보다 작거나 큰 채소는 양을 조절하여 조리에 활용하여야 한다.
- 소금, 후추, 설탕 등과 같은 분말(가루) 재료의 양이 '약간'으로 표기된 경우는 한 꼬집(엄지와 검지로 살짝 꼬집듯 집어낸 양) 이상으로 대략 0.3~0.6㎖이다. 개인의 기호와 입맛에 따라 양을 조절하여 간을 맞춘다.

다이어트 김밥 공통 준비

지단

1 볼에 달걀을 풀어 준다.
2 달군 팬에 식용유를 두르고 달걀물을 얇게 두르고 천천히 익혀 준다.
3 앞뒤로 고루고루 익혀 준다.
4 한 김 식힌 후 돌돌 말아 얇게 썰어서 준비한다.

곤약밥

1 백미와 곤약쌀의 비율을 2:1로 준비한다.
2 일반 쌀짓기 물의 양보다 1/2~1/3로 줄여서 곤약밥을 완성한다.
3 곤약밥 2컵 + 식초 1t + 들기름 1T + 통깨 1t

잡곡밥(흑미, 현미)

1 잡곡을 깨끗이 씻고 1시간 이상 물에 불려 준다.
2 불린 잡곡과 흰쌀을 2:1 비율로 섞어서 준비한다.
3 일반 쌀짓기 물의 양과 동일하게 맞추어 완성한다.
4 잡곡밥 2컵 + 식초 1t + 들기름 1T + 통깨 1t

다이어트 유부초밥 공통 준비

유부

1 유부는 사이즈가 큰 것으로 준비한다. 가장 긴 면이 손가락 길이쯤 되는 것을 추천 한다.
2 유부는 깨끗한 물에 씻어서 물기를 제거한 후 사용한다. 간을 최소화하는 것을 추천 한다.

※ 유부는 소분하여 냉동 보관하면 보관 기간을 늘릴 수 있다.

두부

1 두부는 위생백이나 지퍼백에 넣어 뭉개 준다.
2 면포에 담아 물기를 짜 준다.
3 마른 팬에 두부를 넣고 중불에서 3분~ 5분간 볶아 수분을 날려 준다.

곤약밥

1 백미와 곤약쌀의 비율을 2:1로 준비한다.
2 보통 쌀을 지을 때보다 물의 양을 1/2~1/3로 줄여서 곤약밥을 완성한다.
3 곤약밥 2컵 + 식초 1t + 들기름 1T + 통깨 1t

잡곡밥

1 혼합잡곡을 깨끗이 씻고 1시간 이상 물에 불려 준다.
2 불린 혼합잡곡은 보통 쌀로 지을 때와 물의 양을 동일하게 맞추어 완성한다.
3 잡곡밥 2컵 + 식초 1t + 들기름 1T + 통깨 1t

다이어트 식단 메뉴 소개

김밥

김밥은 한국의 도시락 문화와 관련이 깊으며 간편하면서도 영양가 높은 식사로 많은 사랑을 받고 있습니다. 주요 재료로는 밥, 김, 채소(오이, 당근, 시금치 등), 단무지, 달걀, 햄, 어묵 등이 있으며 이들 재료가 어우러져 풍부한 맛과 식감을 자아냅니다.

하지만 재료에 따라 칼로리가 높아질 수도 있고 혈당 상승을 일으키기도 합니다. 이에 아리미디저트에서는 재료 본연의 맛을 살리면서 저칼로리와 영양 균형을 충족하는 건강 김밥 레시피를 소개합니다. 식이섬유 함량이 높은 재료를 기본으로 하여 적당한 단백질과 다양한 무기질을 함께 섭취할 수 있도록 구성하였습니다.

유부초밥

유부초밥은 조리법이 간단하여 바쁜 일상 속에서 손쉽게 한 끼를 해결할 수 있는 요리입니다. 튀긴 두부주머니인 유부 위에 어떤 재료를 토핑하느냐에 따라 무궁무진한 확장성이 있습니다. 아리미디저트에서는 유부초밥의 기본 밥 변형부터 시작해 저칼로리와 영양의 균형까지 챙긴 토핑 재료 조합을 소개합니다.

일반 유부초밥의 달콤새콤한 밥뿐만 아니라 두부, 곤약, 잡곡 등을 활용한 레시피를 실었습니다. 또한 건강한 토핑 재료를 활용한 아리미 표 '뚱 유부초밥' 레시피입니다. 신선한 채소, 해산물, 다양한 견과류, 허브 등을 활용하여 시각적으로도 매력적이고 맛에서도 풍부함을 더합니다. 각 토핑의 조화는 입맛을 살리고, 다양한 식감의 즐거움을 선사합니다.

덮밥

덮밥은 밥 위에 다양한 재료를 올려 간편하게 즐길 수 있는 일품 요리로, 재료와 소스의 조합을 달리하여 확장성이 뛰어납니다. 우리가 흔히 알고 있는 대표적인 덮밥으로는 규동(소고기 덮밥), 오야코동(닭고기와 달걀 덮밥), 텐동(튀김 덮밥) 등이 있습니다.

아리미디저트에서는 자극적인 재료를 배제하고, 재료 본연의 맛을 살리면서 궁합이 좋은 덮밥을 연구하였습니다. 이를 통해 남녀노소 누구에게도 불호가 없는 즐거운 맛을 쉽고 빠르게 만들 수 있는 방법을 소개합니다. 아리미표 덮밥 레시피로 채소, 해산물, 육류의 조화와 색다른 맛을 만나 보세요.

또띠아샌드위치(랩샌드위치)

또띠아샌드위치는 또띠아나 플랫브레드에 다양한 재료를 싸서 간편하게 즐길 수 있는 음식으로, 가볍고 휴대가 용이하여 점심 도시락이나 피크닉 음식으로 큰 인기를 끌고 있습니다. 특히 바쁜 현대인들에게는 패스트푸드보다 건강하고 가벼운 느낌을 주어 인기 간편식으로 자리 잡고 있습니다.

아리미디저트의 또띠아샌드위치는 부담스럽지 않으면서도 건강과 맛의 조화를 추구하고 있습니다. 기본 속재료로는 신선한 채소와 단백질이 있습니다. 아삭한 양상추, 신선한 토마토, 다양한 채소를 기본으로 하고 닭가슴살, 두부, 연어와 같은 단백질원을 추가하면 맛과 영양을 동시에 잡을 수 있습니다.

클렌즈주스

클렌즈주스는 몸속의 독소를 제거하고 신진대사를 촉진하는 데 도움을 주는 음료로, 주로 신선한 과일과 채소로 만듭니다. 비타민, 미네랄 그리고 항산화 물질이 풍부하여 면역력을 강화하고 피부 건강에도 긍정적인 영향을 미칩니다. 풍부한 영양소를 간편하게 섭취할 수 있어 바쁜 일상 속에서도 건강을 챙길 수 있습니다.

클렌즈주스는 다이어트와 해독을 목적으로 많이 사용되며 한동안 유행을 이끌었으며, 지금까지도 많은 분이 효과를 보아 인기 메뉴로 자리 잡았습니다. 다양한 과일과 채소는 각자의 영양소로 그 역할을 충실히 하며, 궁합이 좋은 여러 조합을 통해 시너지 효과를 낼 수 있습니다. 예를 들어 시금치와 사과, 레몬의 조합은 비타민 C와 철분을 풍부하게 제공하여 면역력을 증진시킬 뿐만 아니라, 상큼한 맛으로 입맛을 돋우는 효과가 있습니다. 생강이나 민트를 추가하면 소화 기능을 개선하고 상쾌한 느낌을 더할 수 있습니다.

1일 700kcal대
다이어트 식단

🍴 1일 700kcal대 다이어트 식단 메뉴 소개

일차	첫 번째 식단	칼로리	두 번째 식단	칼로리	총칼로리
1일	닭가슴살 덮밥	517	낫또곤약 유부초밥	201	**718**
2일	오징어곤약 유부초밥	362	매콤크래미두부 유부초밥	361	**723**
3일	오리머스터드 또띠아샌드위치	466	시금치달걀 김밥	268	**734**
4일	깻잎불고기달걀 김밥	510	묵은지곤약 유부초밥	228	**738**
5일	치킨텐더 또띠아샌드위치	575	청양고추곤약 김밥	175	**750**
6일	깻잎불고기 또띠아샌드위치	611	파프리카두부면곤약 김밥	141	**752**
7일	바질불고기 덮밥	625	버섯곤약 김밥	130	**755**
8일	체다치즈달걀 김밥	454	닭가슴살곤약 유부초밥	302	**756**
9일	매콤닭가슴살 또띠아샌드위치	604	날치알깻잎곤약 김밥	167	**771**
10일	꽈리고추잡곡 유부초밥	472	양배추쌈장샐러드 김밥	300	**772**
11일	닭가슴살샐러드 김밥	458	매콤크래미 또띠아샌드위치	317	**775**
12일	명란잡곡 유부초밥	468	해초현미 김밥	314	**782**
13일	오징어 덮밥	429	생햄루꼴라 또띠아샌드위치	355	**784**
14일	느타리버섯두부 유부초밥	373	하몽루꼴라 덮밥	412	**785**
15일	베이컨두부 유부초밥	474	세발나물초무침 덮밥	312	**786**
16일	참치마요곤약 김밥	308	팽이버섯 덮밥	486	**794**
17일	애플커리샐러드 김밥	374	베이컨 또띠아샌드위치	422	**796**
18일	소시지달걀 김밥	500	연어곤약 유부초밥	296	**796**

닭가슴살 덮밥 517kcal / 낫또곤약 유부초밥 201kcal

 닭가슴살 덮밥은 고단백 저지방 식사로 부드럽게 구운 닭가슴살과 최적화된 소스를 밥 위에 얹어 먹는 간편하고 맛있는 한 끼입니다. 한 그릇에 약 500kcal 정도로 단백질 30g 이상을 제공해 운동 후 영양 보충에도 탁월합니다. 낫또곤약 유부초밥은 저칼로리와 저탄수화물을 중시하는 분들을 위한 건강식으로 곤약밥에 낫또를 곁들여 유부의 달콤함과 낫또의 발효된 풍미를 함께 즐길 수 있습니다. 한 끼에 200kcal 수준으로 단백질과 식이섬유가 풍부해 가볍지만 포만감 있는 식사를 제공합니다. 이 2가지 메뉴는 영양을 고려한 균형 잡힌 식사로 체중 관리와 건강한 라이프스타일을 유지하려는 분들에게 좋은 선택입니다.

오징어곤약 유부초밥 362kcal / 매콤크래미두부 유부초밥 361kcal

 오징어 유부초밥은 쫄깃한 오징어와 달콤한 유부가 어우러진 간편하고 맛있는 요리입니다. 유부의 달콤함과 오징어의 담백함이 조화를 이루어 간식이나 도시락으로 제격입니다. 해산물의 풍미와 가벼운 식감으로 영양가 높은 한 끼를 손쉽게 즐길 수 있습니다. 오징어의 손질 형태를 고스란히 살려 유부초밥 위에 토핑한 비주얼이 탁월해 눈으로 벌써 맛있다고 느낄 수 있습니다. 특별한 유부초밥이 필요할 때 제격으로 추천합니다. 매콤크래미두부 유부초밥 또한 매콤한 소스에 버무린 크래미(게맛살)로 부드러운 식감이 특색인 특별한 유부초밥 메뉴입니다. 가볍게 즐기면서 색다른 토핑 유부초밥으로 하루를 채워 보시기 바랍니다.

오리머스터드 또띠아샌드위치 466kcal / 시금치달걀 김밥 268kcal

 오리고기는 단백질과 필수지방산을 포함하고 있어 심혈관 건강에 도움을 주는 식재료입니다. 머스터드 소스와 궁합이 아주 좋은 만큼 담백한 또띠아샌드위치의 포인트 속재료로 좋습니다. 시금치달걀 김밥은 비타민과 칼슘이 풍부한 시금치에 달걀을 더해 영양의 균형을 잡은 김밥으로 건강한 식사를 완성해 보시기 바랍니다.

깻잎불고기달걀 김밥 510kcal / 묵은지곤약 유부초밥 228kcal

 깻잎불고기 달걀 김밥은 깻잎의 향긋함과 고소함, 또 단짠 불고기의 맛과 달걀의 부드러움이 조화롭게 어우러져 풍미가 좋으며, 한 끼 식사로도 충분히 만족스러운 맛을 제공합니다. 이에 맞는 궁합이 좋은 메뉴로 묵은지곤약 유부초밥을 추천합니다. 가볍지만 영양 가득한 묵은지와 부드러운 유부를 조합하여 건강하고 깔끔한 맛을 즐길 수 있습니다.

5일 치킨텐더 또띠아샌드위치 575kcal / 청양고추곤약 김밥 175kcal

치킨텐더 또띠아샌드위치는 바삭한 치킨 텐더와 신선한 채소를 부드러운 또띠아에 감싸 만든 간편하고 맛있는 한 끼로, 단백질과 비타민을 동시에 섭취할 수 있어 영양가가 높고 바쁜 일상 속에서 누구나 쉽게 즐길 수 있는 메뉴입니다. 듀오가 될 메뉴로 청양고추곤약 김밥을 추천합니다. 청양고추곤약 김밥은 매콤한 청양고추의 풍미와 저칼로리 곤약, 신선한 채소가 완벽하게 어우러져 아삭한 식감과 상큼한 맛을 자아내는 건강한 김밥의 대표 주자입니다.

6일 깻잎불고기 또띠아샌드위치 611kcal / 파프리카두부면곤약 김밥 141kcal

깻잎불고기 또띠아샌드위치는 깻잎의 향긋함과 단짠 불고기 맛, 신선한 채소의 아삭함이 어우러져 풍부하고 만족스러운 맛을 제공합니다. 파프리카두부면곤약 김밥은 파프리카의 아삭함과 두부의 부드러움, 곤약면의 쫄깃한 식감이 조화롭게 어우러진 건강한 한 끼입니다.

7일 바질불고기 덮밥 625kcal / 버섯곤약 김밥 130kcal

바질은 독특한 허브향으로 많은 요리에 활용되는 식재료입니다. 전통적인 한국식 불고기에도 신선한 바질 향이 잘 어울립니다. 깊은 풍미의 덮밥 메뉴로 즐기는 것을 추천합니다. 두 번째는 버섯곤약 김밥입니다. 곤약의 쫄깃한 식감과 신선한 채소의 아삭함이 잘 어우러져 상큼하고 건강한 맛을 제공합니다. 저칼로리, 고식이섬유로 다이어트에 적합하며, 다양한 영양소를 섭취할 수 있는 훌륭한 선택이 될 것입니다.

8일 체다치즈달걀 김밥 454kcal / 닭가슴살곤약 유부초밥 302kcal

체다치즈달걀 김밥은 고소한 체다치즈와 부드러운 달걀이 조화를 이루는 간단하고 맛있는 김밥입니다. 체다치즈는 고소한 맛이 특징으로 단백질과 칼슘이 풍부하여 김밥으로 활용하면 바쁜 시간에도 영양소를 챙길 수 있는 좋은 재료입니다. 닭가슴살곤약 유부초밥은 저칼로리, 고단백 식단을 원하는 분들을 위한 간편한 요리입니다. 담백한 닭가슴살과 저칼로리 곤약밥이 유부와 함께 어우러져 다이어트나 건강 관리를 위한 식사로 적합합니다. 가벼우면서도 포만감이 높은 메뉴 구성입니다.

9일 매콤닭가슴살 또띠아샌드위치 604kcal / 날치알깻잎곤약 김밥 167kcal

매콤닭가슴살또띠아샌드위치는 매콤한 닭가슴살의 풍미가 입안에서 퍼지고, 신선한 채소의 아삭한 식감이 더해져 다채로운 맛의 조화를 이룹니다. 이 또띠아샌드위치는 매운맛과 신선함이 어우러져 풍부하고 만족스러운 경험을 제공하며, 간편하게 즐길 수 있는 건강한 한 끼 식사로 안성맞춤입니다. 이와 궁합이 좋은 듀오 메뉴로는 날치알깻잎곤약 김밥이 있습니다. 날치알깻잎곤약 김밥은 고소한 날치알과 향긋한 깻잎이 어우러진 김밥으로 풍부한 식감과 독특한 맛이 특징입니다. 아울러 곤약은 저칼로리 재료로 다이어트와 건강관리 식단에 다양하게 활용할 수 있습니다.

10일 꽈리고추잡곡 유부초밥 472kcal / 양배추쌈장샐러드 김밥 300kcal

꽈리고추잡곡 유부초밥은 매콤하고 향긋한 꽈리고추와 달콤한 유부가 어우러져 독특한 맛을 내는 메뉴입니다. 꽈리고추는 특유의 매콤함이 돋보이며, 비타민 C와 항산화 성분이 풍부해 면역력 강화와 피로 회복에 도움을 줍니다. 유부초밥의 부드러운 식감과 맛이 달콤매콤한 꽈리고추와 잘 어울립니다. 더불어 추천하는 메뉴는 양배추쌈장샐러드 김밥입니다. 양배추는 식이섬유가 풍부하여 소화에 도움이 되고 약간의 쌈장과 함께 조합하면 감칠맛과 식감이 향상되어 부담 없이 먹을 수 있습니다. 또한 샐러드 김밥으로 함께 영양소 균형을 모두 갖추어 간편하면서도 든든한 한 끼 식사가 됩니다.

11일 닭가슴살샐러드 김밥 458kcal / 매콤크래미 또띠아샌드위치 317kcal

닭가슴살샐러드 김밥은 대표적인 다이어트 운동식단 메뉴로 단백질이 풍부한 닭가슴살과 신선한 채소가 조화를 이루어 영양가 높은 한 끼를 제공합니다. 다음 메뉴로는 매콤크래미 또띠아샌드위치를 추천합니다. 신선한 크래미(게맛살)에 매콤한 양념을 더해 만든 요리로 간단하면서도 풍미가 가득해 스파이시한 한 끼로 활력을 더할 수 있습니다.

12일 명란잡곡 유부초밥 468kcal / 해초현미 김밥 314kcal

명란은 단백질이 풍부하고 오메가 3 지방산(EPA, DHA)을 포함하여 심혈관 건강에 도움을 줍니다. 비타민 B군과 비타민 D, 철분, 아연, 셀레늄 등 미네랄도 많이 포함되어 있지만 나트륨 함량이 높아 과다 섭취에 주의해야 합니다. 최적의 양으로 맛을 낸 명란 유부초밥을 소개합니다. 아울러 올라간 나트륨 균형을 깔끔하게 맞춰 줄 해초 베이스의 현미 깁밥을 함께 추천합니다. 밸런스가 잡힌 듀오 메뉴를 즐겨 보세요.

13일 오징어 덮밥 429kcal / 생햄루꼴라 또띠아샌드위치 355kcal

오징어 덮밥은 신선한 오징어와 다양한 채소를 매콤달콤한 양념으로 볶아 밥 위에 얹어 즐기는 한국의 대표 볶음 요리입니다. 오징어는 고단백 식품의 대명사이며 비타민 B군과 아연, 셀레늄 등 무기질이 풍부하여 영양가는 높고 칼로리는 낮은 훌륭한 요리 주재료라 할 수 있습니다. 생햄과 루꼴라의 신선함이 조화를 이루며, 간단하면서도 고급스러운 맛을 즐길 수 있는 또띠아 샌드위치입니다. 영양 가득한 오징어 덮밥 이후에 깔끔하고 간결한 생햄루꼴라 또띠아샌드위치로 하루 식사를 구성한다면 맛과 영양의 하루 밸런스를 맞출 수 있습니다.

14일 느타리버섯두부 유부초밥 373kcal / 하몽루꼴라 덮밥 412kcal

느타리버섯 유부초밥은 부드러운 유부와 고소한 느타리버섯을 활용한 맛있고 건강한 요리입니다. 씹는 재미와 함께 풍부한 식감을 제공하여 일상 속에서도 간편하게 뚝딱 만들 수 있고 영양까지 풍부한 심플하고 건강한 한 끼를 즐길 수 있습니다. 하몽루꼴라 덮밥은 고급스러운 하몽(스페인의 건조된 햄)과 신선한 루꼴라를 활용한 맛있는 덮밥입니다. 하몽의 고소한 맛이 루꼴라의 약간 쌉쌀한 맛과 잘 어우러져 풍미가 깊습니다. 밥 위에 하몽과 루꼴라를 올리고, 올리브 오일이나 발사믹 소스를 뿌리면 맛을 한층 더할 수 있습니다. 단백질과 비타민이 풍부한 듀오 메뉴로 추천합니다.

15일 베이컨두부 유부초밥 474kcal / 세발나물초무침 덮밥 312kcal

베이컨두부 유부초밥은 베이컨을 주재료로 쓰면서 단백질, 건강한 지방, 비타민, 미네랄, 식이섬유가 풍부합니다. 베이컨의 바삭한 식감은 유부의 부드러움과 조화를 이루며, 맛과 영양을 동시에 챙길 수 있는 균형 잡힌 식사가 됩니다. 다소 기름진 한 끼라고 생각된다면 다음은 무침이나 가벼운 양념 요리가 좋습니다. 세발나물초무침은 신선한 세발나물을 간단한 양념으로 무쳐 만든 한국의 대표적인 나물 요리로, 아삭한 식감과 상큼한 맛이 특징입니다. 저칼로리 가벼운 한 끼로 다양하게 보조를 맞춰 줄 별미로 추천합니다.

16일 참치마요곤약 김밥 308kcal / 팽이버섯 덮밥 486kcal

참치마요곤약 김밥은 고단백 참치와 마요네즈, 저칼로리 곤약밥을 활용한 가볍고 영양가 높은 김밥입니다. 참치의 풍부한 단백질과 곤약의 낮은 탄수화물 함량 덕분에 포만감을 주면서도 칼로리를 줄일 수 있는 메뉴입니다. 다이어트 식단이나 간편한 점심으로 적합합니다. 추가로 추천할 메뉴는 팽이버섯 유부초밥입니다. 팽이버섯은 면역력 강화와 콜레스테롤 감소에 도움을 주는 식재료로 매우 낮은 칼로리와 풍부한 식이섬유로 다양하게 활용되는 건강식의 주재료입니다.

 **애플커리샐러드 김밥 374kcal / 베이컨 또띠아샌드위치 422kcal**

 애플커리는 사과의 달콤함과 향신료의 매콤함이 조화를 이루어 독특하고 풍부한 맛을 제공합니다. 크리미한 커리 질감과 함께 다양한 채소를 사용한 샐러드 김밥은 영양소뿐만 아니라 맛의 풍미를 더해 줍니다. 베이컨 또띠아샌드위치 또한 빠르고 편리한 간편식입니다. 식사할 시간이 부족한 날에 메뉴 구성으로 함께 추천합니다.

소시지달걀 김밥 500kcal / 연어곤약 유부초밥 296kcal

소시지달걀 김밥은 탱글탱글한 소시지와 부드러운 달걀이 어우러진 간단하고 든든한 김밥입니다. 단백질이 풍부해 포만감을 오래 유지시켜 줍니다. 바쁜 아침이나 도시락, 피크닉 음식으로도 훌륭한 선택이며, 남녀노소 누구나 좋아할 맛입니다. 함께 하기 좋은 메뉴로는 부드럽고 고소한 연어와 달콤한 유부가 어우러져 풍미가 가득한 연어곤약 유부초밥을 추천합니다. 유부의 달콤함이 연어의 풍미를 한층 더 살려 주고 영양가도 높은 메뉴입니다.

닭가슴살 덮밥

• **517** kcal •

INGREDIENTS

삶은 닭가슴살 100g
현미밥 1컵(150g)
월계수잎 1장
통후추 약간
올리브유 1T
대파 1/2대

양념장
간장 1/2t
노두유 1/2t
식초 1/2t
요리당 1/2T
맛술 1/2T
다진 마늘 1t
다진 대파 1/4대

만드는 법

1 닭가슴살은 월계수잎과 통후추를 넣고 삶아서 준비한다.

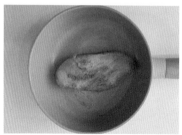

2 예열된 팬에 올리브유를 두른 후 닭가슴살을 앞뒤로 구워 준다.

3 양념장 재료를 모두 섞어 준다. 2에 양념장을 넣고 함께 3분가량 중약불에서 졸여 준다.

4 접시에 삶은 채소와 현미밥을 담아 준다.

5 슬라이스한 닭가슴살을 올려 준다.

낫또곤약 유부초밥

· **201**kcal ·

INGREDIENTS

초밥용 유부 3개
초밥용 밥 1컵
낫또 50g

초밥 드레싱
고춧가루 1/2T
설탕 1/2t
간장 1T
레몬즙 1/2T
참기름 1/2T
물 1T
후춧가루 약간

만드는 법

1 초밥 드레싱 재료를 모두 섞어서 준비한다.

2 유부에 초밥용 밥을 2/3가량 꾹꾹 눌러서 채워 준다.

3 위에 낫또를 올려 준다.

4 초밥 드레싱을 1T씩 올려 준다. 남은 양념은 냉장고에 보관하여 사용한다.

TIP
낫또와 초밥용 밥을 한 번에 섞어 유부에 채워도 식감이 좋다.

2일
723kcal

오징어곤약 유부초밥
• 362kcal •

INGREDIENTS

초밥용 유부 3개	오징어 토핑	알룰로스 1t
초밥용 밥 1컵	오징어 50g(링 모양 3개)	다진 마늘 1/3t
	올리브유 1T	참기름 1/3t
	고추장 1/2T	후춧가루 약간
	고춧가루 1/2t	
	맛술 1/2t	
	양조간장 1/2t	

만드는 법

1 데친 오징어는 링 모양으로 잘라서 준비
한다.

2 예열된 팬에 1과 나머지 오징어 토핑 재료
를 넣고 중강불에서 볶아 준다.

3 유부에 초밥용 밥을 2/3가량 꾹꾹 눌러
서 채워 준다.

4 3에 오징어 토핑을 올려 준다.

TIP
취향에 따라 마요네즈를 살짝 곁들여도 좋다.

24

매콤크래미두부 유부초밥
· **361**kcal ·

INGREDIENTS

초밥용 유부 3개
두부 1컵(150g가량)

매콤크래미 토핑
크래미 2/3컵
마요네즈 1T
스리라차 소스 1t
알룰로스 1t
다진 청양고추 1T

만드는 법

1 크래미는 잘게 찢고 청양고추는 다져서
준비한다.

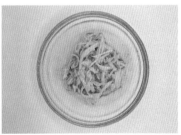

2 1과 나머지 매콤크래미 토핑 재료를 모두
섞어 준다.

3 유부에 초밥용 두부를 1/2~2/3가량 꾹꾹
눌러서 채워 준다.

4 3에 매콤크래미 토핑을 올려 준다.

TIP
취향에 따라 스리라차 소스를 곁들여도 좋다.

오리머스터드
또띠아샌드위치

• 466 kcal •

INGREDIENTS

또띠아 1장
초록잎 채소 3줌
채 썬 적채 1줌
훈제오리 1컵
올리브유 1T

머스터드 소스
마요네즈 3T
허니머스터드 1T
홀그레인 1/2T
알룰로스 1T

만드는 법

1 머스터드 소스 재료를 모두 섞어서 준비
한다.

2 예열된 팬에 올리브유를 두르고 훈제오
리를 중강불에서 볶아 준다.

3 또띠아에 초록잎 채소, 채 썬 적채를 올려
준다.

4 훈제오리를 올려 준다.

5 머스터드 소스를 1~2T 올려 준다.

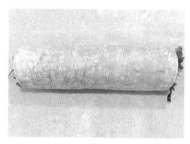

6 또띠아를 꾹꾹 눌러 단단히 포장한다.

시금치달걀 김밥

· **268** kcal ·

INGREDIENTS

김 1.5장
달걀지단 2컵
시금치 2컵
채 썬 청상추 1/2컵
채 썬 적채 1/2컵

만드는 법

1 시금치는 끓는 물에 살짝 데쳐서 준비한다.

2 김 1장 위에 달걀지단을 고루 펴서 올려 준다.

3 달걀지단 위에 다시 김 1/2장을 올려 준다.

4 청상추, 적채를 올려 준다.

5 시금치를 올려 준다.

6 꾹꾹 눌러 김밥을 말아 준다.

4일
738 kcal

깻잎불고기달걀 김밥

• 510 kcal •

INGREDIENTS

김 1.5장
불고기용 소고기 100g
달걀지단 2컵
올리브유 1T
채 썬 청상추 1/2컵
채 썬 적채 1/2컵
채 썬 깻잎 1/2컵

불고기 양념
간장 1T
설탕 1t
물엿 1/2T
물 2T
다진 마늘 1t
참기름 1t

후추 약간
통깨 약간

만드는 법

1 소고기는 적당한 크기로 자르고 불고기 양념 재료를 넣고 섞어 30분가량 재워 준다.

2 예열된 팬에 올리브유를 두른 후 1을 넣고 익혀 준다.

3 김 1장 위에 달걀지단을 고루 펴서 올려 주고, 그 위에 다시 김 1/2장을 올려 준다.

4 청상추, 적채, 깻잎을 올려 준다.

5 불고기를 올려 준다.

6 꾹꾹 눌러 김밥을 말아 준다.

묵은지곤약 유부초밥

· **228**kcal ·

INGREDIENTS

초밥용 유부 3개
초밥용 밥 1컵

묵은지 토핑
묵은지 1/2컵
알룰로스 1t
들기름 1T
깨 1/2t

만드는 법

1 묵은지는 씻어서 다져 준다.

2 1과 나머지 묵은지 토핑 재료를 모두 섞어
준다.

3 유부에 초밥용 밥을 2/3가량 꾹꾹 눌러
서 채워 준다.

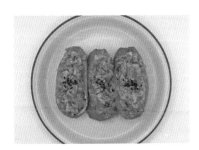

4 3에 묵은지 토핑을 올려 준다.

 TIP

묵은지를 다지지 않고 둘러 싸서 완성해도 멋진 연출이 될 수 있다.

치킨텐더 또띠아샌드위치

• **575**kcal •

INGREDIENTS

또띠아 1장	칠리 소스
초록잎 채소 3줌	고춧가루 1t
채 썬 적채 1줌	케첩 1t
치킨텐더 2개	식초 1t
올리브유 2T	알룰로스 2T
	간장 1/2t

만드는 법

1 치킨텐더에 올리브유를 바른 후 에어프라이어로 180℃로 8~10분 구워 준다.

2 또띠아에 초록잎 채소, 채 썬 적채를 올려 준다.

3 치킨텐더를 올려 준다.

4 칠리 소스 재료를 모두 섞어 준 후 3에 1T 올려 준다.

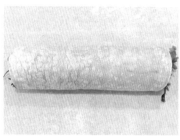

5 또띠아를 꾹꾹 눌러 단단히 포장한다.

청양고추곤약 김밥

• **175**kcal •

INGREDIENTS

김 1.5장
현미곤약밥 1컵(150g)
청양고추 2개
채 썬 청상추 1/2컵
채 썬 적채 1/2컵
채 썬 양배추 1/2컵
채 썬 당근 1/2컵

청양고추 소스
마요네즈 1T
플레인요거트 1T
다진 청양고추 2개
알룰로스 1T

만드는 법

1 김 1장 위에 현미곤약밥을 고루 펴서 올려
준다.

2 현미곤약밥 위에 다시 김 1/2장을 올려
준다.

3 청양고추 소스 재료를 모두 섞어 준다. 2
에 청상추, 적채, 양배추, 당근과 준비한
청양고추와 청양고추 소스를 올려 준다.

4 꾹꾹 눌러 김밥을 말아 준다.

TIP
취향에 따라 단무지를 속재료로 넣어 아삭한 식감을 더해도 좋다.

6일
752 kcal

깻잎불고기 또띠아샌드위치
· **611** kcal ·

INGREDIENTS

또띠아 1장	불고기 양념장	다진 마늘 1t
불고기용 소고기 100g	간장 1T	참기름 1t
초록잎 채소 3줌	설탕 1t	후추 약간
채 썬 적채 1줌	물엿 1/2T	통깨 약간
채 썬 깻잎 1줌	물 2T	양파 1/4개

만드는 법

1 불고기와 양파를 적당한 크기로 잘라서 준비한다.

2 불고기 양념장 재료를 모두 섞어 준다. 1 을 불고기 양념장에 넣어 30분가량 재워 준다.

3 예열된 팬에 올리브유를 두른 후 2번을 넣고 익혀 준다.

4 또띠아에 초록잎 채소, 채 썬 적채를 올려 준다.

5 불고기와 깻잎을 올려 준다.

6 또띠아를 꾹꾹 눌러 단단히 포장한다.

파프리카두부면곤약 김밥

• **141**kcal •

INGREDIENTS

김 1.5장
현미곤약밥 1컵(150g)
두부면 1컵
채 썬 청상추 1/2컵
채 썬 적채 1/2컵
채 썬 양배추 1/2컵
채 썬 당근 1/2컵
채 썬 파프리카 1/2컵

만드는 법

1 김 1장 위에 현미곤약밥을 고루 펴서 올려 준다.

2 현미곤약밥 위에 다시 김 1/2장을 올려 준다.

3 채 썰어 준비한 청상추, 적채, 양배추, 당근, 파프리카와 두부면을 올려 준다.

4 꾹꾹 눌러 김밥을 말아 준다.

TIP
현미곤약밥 없이 두부면으로만 가득 채워 김밥을 말아도 좋다.

바질불고기 덮밥

· 625 kcal ·

INGREDIENTS

불고기용 소고기 100g	설탕 1t	**바질페스토**
현미밥 1컵(150g)	물엿 1/2T	바질 20g
양파 1/4개	물 2T	잣 1T
올리브유 1T	다진 마늘 1t	마늘 1개
	참기름 1t	소금 약간
불고기 양념장	후추 약간	올리브유 2T
간장 1T	통깨 약간	파마산 치즈 1t

만드는 법

1 소고기는 적당한 크기로 자르고, 양파는 잘라서 준비한다.

2 불고기 양념장 재료를 모두 섞어 준다. 1을 불고기 양념장에 넣어 30분가량 재워 준다.

3 예열된 팬에 올리브유를 두른 후 2를 넣고 익혀 준다.

4 접시에 삶은 채소와 현미밥을 담아 준다.

5 불고기와 바질페스토를 취향껏 함께 얹어 준다.

TIP
바질페스토는 올리브오일을 추가하며 점도를 맞추면서 믹서기로 갈아 준다.

버섯곤약 김밥

·130kcal·

INGREDIENTS

김 1.5장
현미곤약밥 1컵(150g)
모듬버섯 1컵
소금, 후추 약간
채 썬 청상추 1/2컵
채 썬 적채 1/2컵
채 썬 양배추 1/2컵
채 썬 당근 1/2컵
단무지 1/3컵

만드는 법

1 모듬버섯은 소금, 후추를 넣고 센불에서 가볍게 볶아 준다.

2 김 1장 위에 현미곤약밥을 고루 펴서 올려 준다.

3 현미곤약밥 위에 다시 김 1/2장을 올려 준다.

4 청상추, 적채, 양배추, 당근, 단무지와 볶은 모듬버섯을 올려 준다.

5 꾹꾹 눌러 김밥을 말아 준다.

체다치즈달걀 김밥

• **454** kcal •

INGREDIENTS

김 1.5장
달걀지단 2컵
체다치즈 2장
채 썬 청상추 1/2컵
채 썬 적채 1/2컵

만드는 법

1 김 1장 위에 달걀지단을 고루 펴서 올려 준다.

2 달걀지단 위에 다시 김 1/2장을 올려 준다.

3 청상추, 적채를 올려 준다.

4 체다치즈를 올려 준다.

5 꾹꾹 눌러 김밥을 말아 준다.

36

닭가슴살곤약 유부초밥

· **302**kcal ·

INGREDIENTS

초밥용 유부 3개
초밥용 밥 1컵

닭가슴살 토핑
닭가슴살 100g
올리브유 1T
간장 1/2t
알룰로스 1T
다진 마늘 1t

만드는 법

1 닭가슴살은 월계수잎과 통후추를 넣고
  삶아서 준비한다.

2 삶은 닭가슴살을 잘게 찢어 준다.

3 예열된 팬에 2와 나머지 닭가슴살 토핑
  재료를 넣고 중강불에서 볶아 준다.

4 유부에 초밥용 밥을 2/3가량 꾹꾹 눌러
  서 채워 준다.

5 4에 닭가슴살 토핑을 올린 후 마요네즈를
  드리즐하여 올려 준다.

매콤닭가슴살
또띠아샌드위치

· **604** kcal ·

INGREDIENTS

또띠아 1장
초록잎 채소 3줌
채 썬 적채 1줌
삶은 닭가슴살 100g
월계수잎 1장
통후추 약간

올리브유 1T

볶음양념
다진 청양고추 1/2개
대파 1/4대
간장 1/2t

매실액 1/2t
참치액 1/2t
올리브유 1T
고춧가루 1t
다진 마늘 1t
설탕 1/3t

만드는 법

1 닭가슴살은 월계수잎과 통후추를 넣고 삶아서 준비한다.

2 닭가슴살은 결대로 찢어서 준비한다.

3 볶음양념 재료를 모두 섞어 준다. 예열된 팬에 올리브유를 두른 후 닭가슴살과 양념을 넣고 볶아 준다.

4 또띠아에 초록잎 채소, 채 썬 적채를 올려 준다.

5 조리한 닭가슴살을 올려 준다.

6 또띠아를 꾹꾹 눌러 단단히 포장한다.

날치알깻잎곤약 김밥

• **167**kcal •

INGREDIENTS

김 1.5장
현미곤약밥 1컵(150g)
채 썬 청상추 1/2컵
채 썬 적채 1/2컵
채 썬 양배추 1/2컵

날치알깻잎 토핑
날치알 1T
다진 깻잎 10장
마요네즈 1t
초장 1T
참기름 1/2t
후춧가루 약간

만드는 법

1 깻잎은 잘게 다져서 준비한다.

2 날치알깻잎 토핑 재료를 모두 섞어 준다.

3 김 1장 위에 현미곤약밥을 고루 펴서 올려 준다.

4 현미곤약밥 위에 다시 김 1/2장을 올려 준다.

5 청상추, 적채, 양배추를 올리고 날치알깻 잎 토핑을 올려 준다.

6 꾹꾹 눌러 김밥을 말아 준다.

꽈리고추잡곡 유부초밥

• *472* kcal •

INGREDIENTS

초밥용 유부 3개
초밥용 밥 1컵
꽈리고추 1컵
마늘 2개
올리브유 1T

양념장
양조간장 1/2T
매실청 1/2T
알룰로스 1/2t
고추장 1/2T
소금 약간

만드는 법

1 꽈리고추는 잘라서 준비하고 마늘은 슬라이스해서 준비한다.

2 양념장 재료는 모두 섞어서 준비한다.

3 예열된 팬에 올리브유를 두르고 손질한 꽈리고추와 마늘을 볶아 준다.

4 3에 양념장을 넣고 함께 볶아 준다.

5 유부에 초밥용 밥을 2/3가량 꾹꾹 눌러서 채워 준다.

6 꽈리고추 토핑을 올려 준다.

양배추쌈장샐러드 김밥

· **300** kcal ·

INGREDIENTS

김 1.5장
슬라이스 치즈 2장
청상추 5장
채 썬 적채 1/2컵
채 썬 양배추 1컵

쌈장 소스
된장 1T
고추장 1/2T
다진 마늘 1T
알룰로스 2T
통깨 1/2t
참기름 1/2t

만드는 법

1 쌈장 소스 재료를 모두 섞어 준비한다.

2 김 1장 위에 치즈 2장을 올려 준다.

3 치즈 위에 다시 김 1/2장을 올려 준다.

4 청상추, 적채, 양배추와 준비한 쌈장 소스를 올려 준다.

5 꾹꾹 눌러 김밥을 말아 준다.

닭가슴살샐러드 김밥

• **458** kcal •

INGREDIENTS

김 1.5장	삶은 닭가슴살 100g	노두유 1/2t
슬라이스 치즈 2장	월계수잎 1장	식초 1/2t
청상추 5장	통후추 약간	올리브유 1T
채 썬 적채 1/2컵	올리브유 1T	요리당 1/2T
채 썬 양배추 1/2컵	대파 1/2대	맛술 1/2T
채 썬 당근 1/2컵		다진 마늘 1t
슬라이스 양파 1/2컵	**닭가슴살 양념**	다진 대파 1/4대
단무지 1/3컵	간장 1/2t	

만드는 법

1 닭가슴살은 월계수잎과 통후추를 넣고 삶아서 준비한다.

2 닭가슴살은 먹기 좋은 크기로 찢어서 달 군 팬에 달가슴살 양념 재료를 모두 넣고 중약불에서 살짝 볶아 준다.

3 김 1장 위에 치즈 2장을 올려 준다.

4 치즈 위에 다시 김 1/2장을 올려 준다.

5 청상추, 적채, 양배추, 당근, 단무지를 올 려 준다.

6 조리한 닭가슴살과 양파를 올려 준다. 꾹 꾹 눌러 김밥을 말아 준다.

매콤크래미 또띠아샌드위치

· 317 kcal ·

INGREDIENTS

또띠아 1장
초록잎 채소 3줌
채 썬 적채 1줌

매콤크래미
크래미 2/3컵
마요네즈 1T
스리라차 소스 1t
알룰로스 1t
다진 청양고추 1T

만드는 법

1 크래미는 잘게 찢어 준비한다.

2 청양고추는 다져서 준비한다.

3 손질한 크래미와 청양고추와 나머지 매콤
크래미 재료를 모두 섞어 준다.

4 또띠아에 초록잎 채소, 채 썬 적채를 올려
준다.

5 매콤크래미를 올려 준다.

6 또띠아를 꾹꾹 눌러 단단히 포장한다.

12일
782 kcal

명란잡곡 유부초밥

• **468** kcal •

INGREDIENTS

초밥용 유부 3개
초밥용 밥 1컵
명란 1알
올리브유 1T

마요스리라차 소스
마요네즈 2T
스리라차 소스 1t
요리당 1t
후춧가루 약간

만드는 법

1 예열된 팬에 올리브유를 넣고 중약불로 명란을 앞뒤로 구워 준다.

2 구운 명란은 슬라이스해서 준비한다.

3 마요스리라차 소스 재료를 모두 섞어서 준비한다.

4 유부에 초밥용 밥을 2/3가량 꾹꾹 눌러서 채워 준다.

5 4에 명란과 마요스리라차 소스를 올려 준다.

TIP
오이 토핑으로 상큼하게 마무리한다.

해초현미 김밥

• **314**kcal •

INGREDIENTS

김 1.5장
현미밥 1컵(150g)
해초 1컵
초장 1T
채 썬 청상추 1/2컵
채 썬 적채 1/2컵
채 썬 양배추 1/2컵
채 썬 당근 1/2컵
단무지 1/3컵

만드는 법

1 해초는 깨끗이 씻어 준비한다.

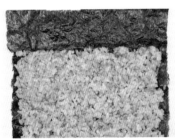

2 김 1장 위에 현미밥을 고루 펴서 올려 준다.

3 현미밥 위에 다시 김 1/2장을 올려 준다.

4 청상추, 적채, 양배추, 당근, 단무지를 올리고, 준비한 해초와 초장을 올려 준다.

5 꾹꾹 눌러 김밥을 말아 준다.

오징어 덮밥

• 429 kcal •

INGREDIENTS

삶은 채소 1컵
현미밥 1컵(150g)
오징어 80g(링 모양 5개)
양파 1/4개
대파 1/2대
홍고추 약간

양념장
고추장 1T
고춧가루 1t
맛술 1t
양조간장 1t
올리고당 2t

다진 마늘 1/2t
참기름 1/2t
후춧가루 약간

만드는 법

1 데친 오징어는 링 모양으로 잘라서 준비
한다.

2 양파, 대파, 홍고추는 어슷썰기해서 준비
한다.

3 양념장 재료를 모두 섞어 준비한다. 예열
된 팬에 양파와 오징어, 양념장을 넣고 볶
아 준다.

4 대파와 홍고추를 넣고 한 번 더 볶아 준다.

5 접시에 삶은 채소와 현미밥을 담아 준다.

6 오징어볶음을 올려 준다.

생햄루꼴라 또띠아샌드위치

• **355**kcal •

INGREDIENTS

또띠아 1장
초록잎 채소 3줌
채 썬 적채 1줌
루꼴라 2줌
생햄 3장

만드는 법

1 생햄과 루꼴라는 적당한 크기로 잘라서
준비한다.

2 또띠아에 초록잎 채소, 채 썬 적채를 올려
준다.

3 생햄과 루꼴라를 올려 준다.

4 또띠아를 꾹꾹 눌러 단단히 포장한다.

TIP
샌드위치의 풍미를 살리려면 다양한 치즈를 살짝 곁들이면 좋다.

14일
785kcal

느타리버섯두부 유부초밥
• **373**kcal •

INGREDIENTS

초밥용 유부 3개
두부 1컵(150g가량)
느타리버섯 2컵
올리브유 1T
간장 1t
알룰로스 1/2t

만드는 법

1 느타리버섯은 잘게 찢어서 준비한다.

2 예열된 팬에 올리브유를 두른 후 느타리
버섯, 간장, 알룰로스를 넣고 볶아 준다.

3 유부에 초밥용 두부를 1/2~2/3가량 꾹꾹
눌러서 채워 준다.

4 3에 2를 올려 준다.

TIP
다른 버섯도 같은 방식으로 활용하여 사용하면 좋다.

하몽루꼴라 덮밥
· **412** kcal ·

INGREDIENTS

루꼴라 1줌
하몽 40g
현미밥 1컵(150g)

양념장
간장 1T
설탕 1/2T
참기름 1/2T

만드는 법

1 접시에 삶은 채소와 현미밥을 담아 준다.

2 손질한 루꼴라와 하몽을 올려 준다.

3 양념장 재료를 모두 섞은 후 2에 전체적
으로 뿌려 준다.

 TIP
루꼴라 대신 고수나 미나리와 같이 향이 있는 채소로 색다르게 즐길 수 있다.

베이컨두부 유부초밥

• 474 kcal •

INGREDIENTS

초밥용 유부 3개
두부 1컵(150g가량)
베이컨 2줄
올리브유 1T
굴소스 1/2t
알룰로스 1t

만드는 법

1 베이컨은 잘라서 준비한다.

2 예열된 팬에 올리브유를 두른 후 토막 낸 베이컨을 넣고 볶아 준다.

3 2에 굴소스, 알룰로스를 넣고 볶아 준다.

4 유부에 초밥용 두부를 1/2~2/3가량 꾹꾹 눌러서 채워 준다.

5 조리한 베이컨을 올려 준다.

세발나물초무침 덮밥

· **312**kcal ·

INGREDIENTS

세발나물 1줌
현미밥 1컵(150g)

양념장
대파 1/4대
다진 마늘 1/2t
고추장 1t
식초 1T
물엿 1T
설탕 1/2t
고춧가루 1/2t
통깨 1/2t

만드는 법

1 세발나물은 정리하여 준비하고 양념장도 섞어서 준비한다.

2 세발나물을 양념장으로 무쳐 준다.

3 접시에 삶은 채소와 현미밥을 담아 준다.

4 세발나물초무침을 올려 준다.

TIP
취향에 따라 토핑으로 날치알을 추가해도 좋다.

참치마요곤약 김밥

• **308**kcal •

INGREDIENTS

김 1.5장
현미곤약밥 1컵(150g)
채 썬 청상추 1/2컵
채 썬 적채 1/2컵
채 썬 양배추 1/2컵
채 썬 당근 1/2컵
단무지 1/3컵

참치마요 소스
기름 제거한 참치 1/2컵
마요네즈 2T
알룰로스 1T
홀그레인 1/2t
후추 약간

만드는 법

1 김 1장 위에 현미곤약밥을 고루 펴서 올려
  준다.

2 현미곤약밥 위에 다시 김 1/2장을 올려
  준다.

3 참치마요 재료를 모두 섞어 준다. 2에 청
  상추, 적채, 양배추, 당근, 단무지와 참치
  마요 소스를 올려 준다.

4 꾹꾹 눌러 김밥을 말아 준다.

팽이버섯 덮밥

· 486 kcal ·

INGREDIENTS

팽이버섯 1봉
현미밥 1컵(150g)
대파 1/2대
양파 1/4개
올리브유 1T

양념장
물 2T
간장 1/2T
맛술 1T
올리고당 1t
후추 약간
통깨 약간

만드는 법

1 팽이버섯은 길게 정리하고 대파, 양파는 잘라서 준비한다.

2 예열된 팬에 올리브유를 두른 후 대파와 양파를 넣고 볶아 준다.

3 2에 팽이버섯을 넣고 함께 익혀 준다.

4 양념장 재료를 모두 섞어 준다. 3에 양념장을 취향껏 넣고 졸여 준다.

5 접시에 삶은 채소와 현미밥을 담아 준다.

6 팽이버섯조림을 올려 준다.

애플커리샐러드 김밥

• **374** kcal •

INGREDIENTS

김 1.5장
슬라이스 치즈 2장
채 썬 당근 1/2컵
채 썬 사과 1/2개
청상추 5장
채 썬 적채 1/2컵
채 썬 양배추 1/2컵

커리 토핑
감자 1/2개
당근 1/4개
양파 1/4개
고형카레 1조각
버터 1토막
물 2/3컵
생크림 2T

만드는 법

1 감자, 당근, 양파는 토막 내고 사과는 슬라이스해서 준비한다.

2 커리 토핑 재료를 모두 넣고 감자가 다 익을 때까지 충분히 끓여 준다.

3 김 1장 위에 치즈 2장을 올려 준다.

4 치즈 위에 다시 김 1/2장을 올려 준다.

5 청상추, 적채, 양배추, 당근, 채 썬 사과, 커리 3T을 올려 준다.

6 꾹꾹 눌러 김밥을 말아 준다.

베이컨 또띠아샌드위치

· **422** kcal ·

INGREDIENTS

또띠아 1장
초록잎 채소 3줌
채 썬 적채 1줌
올리브유 1T
베이컨 2줄
굴소스 1/2t
알룰로스 1t

만드는 법

1 베이컨은 잘라서 준비한다.

2 예열된 팬에 올리브유를 두른 후 토막 낸 베이컨을 넣고 볶아 준다.

3 2에 굴소스, 알룰로스를 넣고 볶아 준다.

4 또띠아에 초록잎 채소, 채 썬 적채를 올려 준다.

5 볶은 베이컨을 올려 준다.

6 또띠아를 꾹꾹 눌러 단단히 포장한다.

18일
796 kcal

소시지달걀 김밥
• 500 kcal •

INGREDIENTS

김 1.5장
달걀지단 2컵
소시지 1줄
올리브유 1T
채 썬 청상추 1/2컵
채 썬 적채 1/2컵

만드는 법

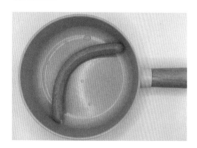

1 예열된 팬에 올리브유를 두르고 소시지를 중강불에서 볶아 준다.

2 김 1장 위에 달걀지단을 고루 펴서 올려 준다.

3 달걀지단 위에 다시 김 1/2장을 올려 준다.

4 청상추, 적채를 올려 준다.

5 소시지를 올려 준다.

6 꾹꾹 눌러 김밥을 말아 준다.

56

연어곤약 유부초밥
• **296** kcal •

INGREDIENTS

초밥용 유부 3개
초밥용 밥 1컵

연어 토핑
연어 100g
양파 1/4개
생와사비 1/4t
다진 대파 1t
쯔유 1T
후추 약간
통깨 약간

만드는 법

1 종이타월로 수분을 빼준 연어는 작게 잘라 준다.

2 양파는 다져 준다.

3 1과 2, 나머지 연어 토핑 재료를 모두 섞어 준다.

4 유부에 초밥용 밥을 2/3가량 꾹꾹 눌러서 채워 준다.

5 4에 연어 토핑을 올려 준다.

PART 2

1일 800kcal대
다이어트 식단

🍴 1일 800kcal대 다이어트 식단 메뉴 소개

일차	첫 번째 식단	칼로리	두 번째 식단	칼로리	총칼로리
19일	전복구이잡곡 유부초밥	462	김치낫또 덮밥	343	805
20일	아보카도달걀 김밥	574	오리엔탈토마토 또띠아샌드위치	232	806
21일	돼지고기부추 덮밥	535	브로콜리쌈 또띠아샌드위치	279	814
22일	애플커리 또띠아샌드위치	344	시금치베이컨 덮밥	472	816
23일	두부면샐러드 김밥	345	매콤참치곤약 유부초밥	471	816
24일	연어샐러드 김밥	466	와사비크래미 또띠아샌드위치	354	820
25일	하몽잡곡 유부초밥	338	전복버터구이 덮밥	487	825
26일	토마토모차렐라 덮밥	477	고구마샐러드 김밥	349	826
27일	베이컨달걀 김밥	482	가지 덮밥	348	830
28일	마늘종달걀 김밥	502	양배추쌈 또띠아샌드위치	332	834
29일	베이컨샐러드 김밥	467	마늘종잡곡 유부초밥	368	835
30일	고추참치흑미 김밥	544	파프리카유자청 또띠아샌드위치	293	837
31일	참치김치 덮밥	580	크래미곤약 김밥	261	841
32일	불고기달걀 김밥	604	팽이버섯곤약 유부초밥	240	844
33일	불고기 덮밥	575	날치알깻잎두부 유부초밥	272	847
34일	매콤크림치즈 또띠아샌드위치	584	토마토곤약 유부초밥	278	862
35일	낙지 덮밥	542	프로슈토샐러드 김밥	337	879
36일	브리치즈흑미 김밥	538	명란아보카도 덮밥	343	881

19일 전복구이잡곡 유부초밥 462kcal / 김치낫또 덮밥 343kcal

전복은 버터나 간장 소스를 이용해 고소한 맛을 극대화하면 고급스러운 식감과 풍미를 경험할 수 있는 좋은 식재료입니다. 유부초밥 토핑으로 전복의 쫄깃한 식감과 기분 좋은 단맛을 함께 느낄 수 있습니다. 고급스러운 식감을 이어 갈 수 있는 추가 구성으로 김치와 낫또를 조합한 덮밥을 추천합니다. 먹는 즐거움과 함께 고단백 영양소를 함께 챙길 수 있는 김치낫또 덮밥으로 든든한 한 끼를 챙기세요.

20일 아보카도달걀 김밥 574kcal / 오리엔탈토마토 또띠아샌드위치 232kcal

아보카도달걀 김밥은 신선한 아보카도와 부드러운 달걀을 주재료로 한 것으로 아보카도의 건강한 지방과 달걀의 풍부한 단백질, 그리고 밥의 탄수화물로 단탄지가 절묘하게 균형 잡힌 한 끼 식사 메뉴입니다. 함께 구성할 저칼로리 식단으로 오리엔탈 소스와 토마토를 곁들인 또띠아샌드위치를 추천합니다. 토마토는 비타민 C와 항산화물질인 리코펜이 풍부한 저칼로리 식재료이자 상쾌한 맛을 선사하는 훌륭한 식재료입니다. 오리엔탈 소스와 함께 이국적인 풍미를 더해 가볍게 즐길 수 있습니다.

21일 돼지고기부추 덮밥 535kcal / 브로콜리쌈 또띠아샌드위치 279kcal

부추와 돼지고기는 영양학적으로 매우 잘 어울리는 식재료 조합입니다. 부추는 비타민 A, 비타민 C, 칼슘이 풍부해 피로 회복과 면역력 강화에 도움이 됩니다. 또한 아삭한 식감이 돼지고기의 고소한 맛과 조화가 뛰어나 영양과 맛의 균형 모두 갖추고 있습니다. 더불어 추천할 메뉴는 브로콜리쌈 또띠아샌드위치입니다. 브로콜리는 비타민 C와 비타민 K, 다양한 무기질을 풍부하게 지닌 건강 채소이자 저칼로리 식품으로 쌈장과 조합하여 그 맛을 증폭시킬 수 있습니다. 또띠아 샌드위치뿐만 아니라 다양한 샐러드 등으로 활용 가능한 만능 채소로 브로콜리를 적극 추천합니다.

22일 애플커리 또띠아샌드위치 344kcal / 시금치베이컨 덮밥 472kcal

애플커리는 사과를 활용한 독특한 커리입니다. 사과의 달콤함과 상큼함이 커리의 풍미와 어우러져 이국적이면서 이색적인 맛을 자아냅니다. 또띠아샌드위치 속재료로 활용하여 가볍게 즐길 수 있습니다. 또 다른 메뉴 조합으로 시금치와 베이컨을 혼합한 덮밥을 제안합니다. 베이컨의 짭조름한 맛과 고소함이 시금치와 함께 균형감 있게 유지됩니다.

23일 두부면샐러드 김밥 345kcal / 매콤참치곤약 유부초밥 471kcal

  두부면은 두부를 얇게 잘라 만든 면 형태의 식품입니다. 저탄수화물로 글루텐이 없고 식이섬유가 풍부해 다양한 요리에서 선택받는 식재료입니다. 이를 샐러드 김밥 속재료로 사용하여 영양소를 가득 채울 수 있습니다. 담백한 메뉴에 이어서는 양념이 있는 메뉴가 잘 어울립니다. 매콤참치는 참치 본연의 맛과 지나치지 않을 정도의 매콤한 간을 중심으로 균형을 잡습니다. 유부초밥 토핑으로 매운맛을 좋아하는 분들에게 최고의 메뉴입니다.

24일 연어샐러드 김밥 466kcal / 와사비크래미 또띠아샌드위치 354kcal

  일상이 바쁘다 보면 요리할 시간도, 챙겨 먹을 시간도 부족할 때가 있습니다. 간편식사로 영양 균형을 지켜야 할 때 최선의 선택은 김밥입니다. 연어샐러드 김밥의 주재료인 연어는 오메가 3 지방산과 단백질이 풍부하여 심혈관 건강에 도움을 줍니다. 또한 함께 들어가는 샐러드 채소는 비타민과 미네랄을 제공하여 영양 균형을 맞추는 데 좋습니다. 이후에는 가볍게 와사비크래미 또띠아샌드위치로 연결하면 좋습니다. 와사비는 매운맛을 내는 녹색 조미료로 톡 쏘는 맛이 특징입니다. 크래미의 부드러운 식감에 와사비를 곁들이면 더욱 풍성한 맛과 향을 느낄 수 있습니다.

25일 하몽잡곡 유부초밥 338kcal / 전복버터구이 덮밥 487kcal

  하몽은 스페인에서 유래한 건조 숙성된 돼지고기햄으로 깊은 풍미를 가진 이국적 식재료입니다. 하몽을 유부초밥에 토핑으로 올린 저칼로리 한 끼를 추천합니다. 가벼운 한 끼를 보충해 줄 든든한 메뉴로는 전복버터구이 덮밥이 있습니다. 전복버터구이의 고급스러운 식감과 풍미를 느낄 수 있는 덮밥으로 풍성한 한 끼 식사를 즐길 수 있습니다.

26일 토마토모차렐라 덮밥 477kcal / 고구마샐러드 김밥 349kcal

  토마토모차렐라 덮밥은 신선한 토마토와 부드러운 모차렐라 치즈가 어우러진 맛있는 한 끼로 이탈리아의 풍미를 담고 있습니다. 상큼한 토마토의 신선함과 부드러운 모차렐라 치즈의 고소함이 조화를 이루어 풍부하고 깊은 맛을 제공합니다. 올리브유와 바질의 향이 더해져 이탈리아의 정통적인 맛을 즐길 수 있습니다. 고구마 샐러드 김밥은 달콤한 고구마의 부드러움과 신선한 채소의 아삭함이 어우러져 풍부하고 맛있는 조화를 이룹니다. 소스와 궁합을 고려해 크리미한 맛이 더해지면 한 입 베어 물 때마다 고소하고 달콤한 맛을 느낄 수 있습니다.

27일 베이컨달걀 김밥 482kcal / 가지 덮밥 348kcal

바삭하게 구운 베이컨과 부드러운 달걀을 주재료로 만든 베이컨달걀 김밥은 베이컨의 짭짤한 맛과 달걀의 담백함이 조화를 이루며 간편하면서도 맛있고 든든한 한 끼 식사로 적합합니다. 듀오 메뉴로는 가지 덮밥을 제안합니다. 볶은 가지에서 느낄 수 있는 부드러 움과 고소함이 양념과 잘 어우러져 저칼로리 영양 식단으로 가볍게 즐길 수 있습니다.

28일 마늘종달걀 김밥 502kcal / 양배추쌈 또띠아샌드위치 332kcal

마늘종달걀 김밥은 아삭한 마늘종과 부드러운 달걀을 주재료로 한 김밥입니다. 마늘종의 알싸한 맛과 달걀의 고소한 맛이 잘 어우러져 간단하면서도 맛있는 한 끼 식사를 즐길 수 있습니다. 함께 하면 좋은 메뉴는 양배추쌈 베이스의 또띠아샌드위치입니다. 살짝 데친 양배추와 속재료로 사용한 쌈장의 조합은 언뜻 쌈밥을 즐기는 메뉴로 느낄 수도 있습니다. 양배추에 식이섬유가 풍부해 포만감을 주며, 저칼로리 다이어트 식단 유지를 위한 메뉴로 적극 추천합니다.

29일 베이컨샐러드 김밥 467kcal / 마늘종잡곡 유부초밥 368kcal

베이컨샐러드 김밥은 기름기를 최소화한 베이컨을 기본으로 하고 샐러드 채소를 조합하여 상큼한 맛을 함께 살린 메뉴입니다. 영양소 균형에도 부합하고 재료 본연의 맛을 알 수 있는 건강식입니다. 기름기 있는 한 끼 다음의 메뉴로는 마늘종잡곡 유부초밥을 추천합니다. 마늘종은 아삭한 식감과 독특한 향이 특징인 식재료로 식이섬유가 풍부하고 항균 효과가 탁월하다고 알려져 있습니다. 마늘종과 양념의 조화로운 맛을 느껴 보기 바랍니다.

30일 고추참치흑미 김밥 544kcal / 파프리카유자청 또띠아샌드위치 293kcal

남녀노소 좋아하는 고추참치를 흑미 김밥의 토핑으로 활용하면 매콤함이 포인트가 되는 건 강 김밥이 됩니다. 참치에 기본으로 양념된 소스의 풍미를 적당히 살리면서 영양도 챙길 수 있습니다. 매콤한 메뉴와 궁합이 좋은 메뉴로 파프리카유자샐러드 또띠아샌드위치를 추천합니다. 파프리카에 상큼한 유자 소스를 가미하여 다양한 색상과 향이 있는 상쾌한 맛의 저칼로리 다이어트 메뉴입니다.

31일 참치김치 덮밥 580kcal / 크래미곤약 김밥 261kcal

참치김치 덮밥은 불호가 별로 없는 메뉴로 참치의 고소함과 김치의 매콤함이 조화를 이루어 깊고 풍부한 맛을 느낄 수 있습니다. 간단해서 빠르게 식사 준비를 할 수 있으며, 여러 고명을 통해 다양하게 응용, 활용할 수 있습니다. 칼로리 관리를 위해 함께 추천하는 메뉴는 곤약 베이스 김밥입니다. 부드러운 크래미(게맛살)와 함께 쫄깃한 식감의 담백한 곤약을 활용한 크래미 곤약 김밥은 식이섬유가 풍부한 저칼로리 건강 메뉴입니다.

32일 불고기달걀 김밥 604kcal / 팽이버섯곤약 유부초밥 240kcal

이름만 들어도 맛있다고 느끼는 불고기달걀 김밥을 소개합니다. 불고기 양념의 조화로운 맛과 달걀의 담백함을 알맞게 구성한 메뉴입니다. 함께 하면 좋은 추천 메뉴는 팽이버섯 곤약 유부초밥입니다. 팽이버섯은 면역력 강화와 콜레스테롤 감소에 도움을 주는 식재료로 칼로리가 매우 낮고 식이섬유가 풍부해서 건강식의 주재료로 다양하게 활용할 수 있습니다.

33일 불고기 덮밥 575kcal / 날치알깻잎두부 유부초밥 272kcal

불고기 덮밥은 달콤 짭조름한 불고기 베이스의 덮밥 요리입니다. 불고기 특유의 풍미가 좋은 든든한 한 끼로 언제 어디서든 환영받는 메뉴입니다. 함께 하면 좋은 메뉴는 날치알과 깻잎조합으로 만든 유부초밥입니다. 날치알의 독특한 식감과 깻잎의 향긋함이 만나 풍부한 맛을 느낄 수 있고, 색감도 좋아 별미 유부초밥으로 추천합니다.

34일 매콤크림치즈 또띠아샌드위치 584kcal / 토마토곤약 유부초밥 278kcal

부드러운 크림치즈에 매콤한 맛을 더해 또띠아샌드위치를 만든다면 다양한 맛을 한번에 느낄 뿐만 아니라 색다른 풍미도 느낄 수 있습니다. 다양한 음식에 활용되는 크림치즈를 매콤하게 즐길 수 있는 레시피입니다. 매콤한 메뉴를 즐긴 다음에는 담백하게 마무리할 수 있는 토마토곤약 유부초밥을 추천합니다.

35일 낙지 덮밥 542kcal / 프로슈토샐러드 김밥 337kcal

낙지 덮밥은 매콤하고 쫄깃한 낙지와 채소로 완성하는 덮밥 요리입니다. 낙지는 단백질이 풍부하고 칼로리가 낮아 식단 관리에 효율적입니다. 다만 여러 양념(간장, 고추장, 설탕 등)이 사용되는 만큼 나트륨 조절에 유의할 필요가 있습니다. 매콤한 한 끼에 이어 갈 메뉴로는 프로슈토샐러드 김밥을 추천합니다. 프로슈토는 이탈리아에서 유래한 건조 숙성 생햄입니다. 얇게 슬라이스하여 사용하며 샐러드와 김밥의 심플함을 보완해 주어 맛있게 즐길 수 있습니다.

36일 브리치즈흑미 김밥 538kcal / 명란아보카도 덮밥 343kcal

브리치즈는 프랑스에서 유래한 부드러운 연성 치즈로 크리미한 질감과 은은한 버섯 향이 특징입니다. 견과류의 풍미가 약간 느껴지며 빵이나 크래커와 잘 어울리는데, 흑미 김밥의 속재료로 사용하여 재료 본연의 맛과 건강을 함께 챙길 수 있습니다. 이처럼 재료 자체의 특성을 잘 살린 메뉴로 명란과 아보카도를 조합한 명란아보카도 덮밥을 추천합니다. 명란 특유의 맛과 특유의 식감에 아보카도를 추가하여 재료의 특성을 극대화한 덮밥입니다. 창의적이면서 고단백에 영양이 풍부한 레시피를 즐길 수 있습니다.

19일
805kcal

전복구이잡곡 유부초밥
• 462 kcal •

INGREDIENTS

초밥용 유부 3개
초밥용 밥 1컵
전복 3마리
버터 1토막

양념장
다진 마늘 1t
알룰로스 1T
맛술 1/2t
간장 1/2t
통깨 약간

만드는 법

1 손질한 전복은 칼집을 내어 준비한다.

2 예열된 팬에 버터를 넣고 전복을 앞뒤로 구워 준다. 너무 오래 굽지 않게 주의한다.

3 양념장 재료를 모두 섞은 후 2에 넣고 볶아 준다.

4 유부에 초밥용 밥을 2/3가량 꾹꾹 눌러서 채워 준다.

5 4에 전복구이를 올려 준다.

66

김치낫또 덮밥

• **343** kcal •

INGREDIENTS

삶은 채소 1컵
현미밥 1컵(150g)
낫또 50g
달걀노른자 1개
김치 1/3컵

양념장
고춧가루 1/2T
설탕 1/2t
간장 1T
레몬즙 1/2T
참기름 1/2T
물 1T
후춧가루 약간

만드는 법

1 달걀노른자와 낫또를 준비한다.

2 접시에 삶은 채소와 현미밥을 담아 준다.

3 2에 낫또, 김치, 달걀을 올려 준다.

4 양념장 재료를 모두 섞어 준다. 3에 양념
장을 입맛에 맞게 1~2T 올려 준다.

20일
806kcal

아보카도달걀 김밥

• 574kcal •

INGREDIENTS

김 1.5장
달걀지단 2컵
아보카도 1개
채 썬 청상추 1/2컵
채 썬 적채 1/2컵

만드는 법

1 아보카도는 길게 잘라서 준비한다.

2 김 1장 위에 달걀지단을 고루 펴서 올려 준다.

3 달걀지단 위에 다시 김 1/2장을 올려 준다.

4 청상추, 적채를 올려 준다.

5 자른 아보카도를 올려 준다.

6 꾹꾹 눌러 김밥을 말아 준다.

오리엔탈토마토
또띠아샌드위치

• 232 kcal •

INGREDIENTS

또띠아 1장
초록잎 채소 3줌
채 썬 적채 1줌
토마토 1/2개

오리엔탈 토마토 소스
다진 토마토 1컵
발사믹 식초 1T
알룰로스 2T
다진 양파 2T

만드는 법

1 토마토는 슬라이스해서 준비한다.

2 또띠아에 초록잎 채소, 채 썬 적채를 올려
준다.

3 토마토 슬라이스를 올려 준다.

4 오리엔탈 토마토 소스 재료를 모두 섞은
후 3에 2T 올려 준다.

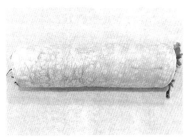

5 또띠아를 꾹꾹 눌러 단단히 포장한다.

돼지고기부추 덮밥

· 535 kcal ·

INGREDIENTS

부추 1줌
다진 돼지고기 80g
현미밥 1컵(150g)
대파 1/4대
다진 마늘 1T
올리브유 1T

양념장
간장 1t
설탕 1t
굴소스 1/3t
맛술 1/2t
참기름 1/2t

만드는 법

1 부추는 잘게 잘라 준비한다.

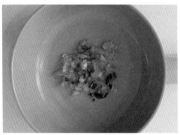

2 예열된 팬에 올리브유를 두른 후 다진 마늘과 파를 넣고 볶아 준다.

3 돼지고기를 넣고 함께 볶아 준다.

4 양념장 재료를 모두 섞어 준다. 3의 고기가 익으면 부추와 양념장을 함께 넣고 볶아 준다.

5 접시에 삶은 채소와 현미밥을 담아 준다.

6 돼지고기부추볶음을 올려 준다.

브로콜리쌈 또띠아샌드위치

• 279 kcal •

INGREDIENTS

또띠아 1장
초록잎 채소 3줌
채 썬 적채 1줌
브로콜리 2컵

쌈장 소스
된장 1T
고추장 1/2T
다진 마늘 1T
알룰로스 2T
통깨 1/2t
참기름 1/2t

만드는 법

1 브로콜리는 데친 후 적당한 크기로 잘라
서 준비한다.

2 또띠아에 초록잎 채소, 채 썬 적채를 올려
준다.

3 브로콜리를 올려 준다.

4 쌈장 소스 재료를 모두 섞은 후 3에 1~2T
올려 준다.

5 또띠아를 꾹꾹 눌러 단단히 포장한다.

애플커리 또띠아샌드위치

• 344kcal •

INGREDIENTS

또띠아 1장
초록잎 채소 3줌
채 썬 적채 1줌
사과 1/2개

커리
감자 1/2개
당근 1/4개
양파 1/4개
고형카레 1조각
버터 1토막
물 2/3컵
생크림 2T

만드는 법

1 감자, 당근, 양파는 토막 내고, 사과는 슬라이스해서 준비한다.

2 팬에 커리 재료를 모두 넣고 감자가 다 익을 때까지 충분히 끓여 준다.

3 또띠아에 초록잎 채소, 채 썬 적채를 올려 준다.

4 사과와 커리를 올려 준다.(커리는 기호에 따라 1~3T을 올려 준다.)

5 또띠아를 꾹꾹 눌러 단단히 포장한다.

시금치베이컨 덮밥

• 472 kcal •

INGREDIENTS

베이컨 2줄
현미밥 1컵(150g)
시금치 1줌
올리브유 1t
굴소스 1/2t
설탕 1/2t
달걀노른자 1개
참기름 1t

만드는 법

1 베이컨과 시금치는 잘라서 준비한다.

2 예열된 팬에 올리브유를 두른 후 토막 낸 베이컨을 넣고 볶아 준다.

3 굴소스와 설탕을 넣고 시금치를 볶아 준다.

4 접시에 삶은 채소와 현미밥을 담아 준다.

5 시금치베이컨볶음과 달걀노른자를 올려 준다.

두부면샐러드 김밥

• **345**kcal •

INGREDIENTS

김 1.5장
슬라이스 치즈 2장
두부면 1컵
청상추 5장
채 썬 적채 1/2컵
채 썬 양배추 1/2컵
채 썬 당근 1/2컵

참깨 소스
참깨가루 2T
마요네즈 2T
플레인요거트 2T
설탕 1t
간장 1t

만드는 법

1 만들어 둔 참깨 소스 2T을 넣고 두부면을
버무려 준다.

2 김 1장 위에 치즈 2장을 올려 준다.

3 치즈 위에 다시 김 1/2장을 올려 준다.

4 청상추, 적채, 양배추, 당근, 참깨 소스로
버무린 두부면을 올려 준다.

5 꾹꾹 눌러 김밥을 말아 준다.

매콤참치곤약 유부초밥

• **471**kcal •

INGREDIENTS

초밥용 유부 3개
초밥용 밥 1컵

매콤참치 토핑
참치 1/2컵
올리브유 1T
청양고추 1개
고추장 1T
고춧가루 1/2t
케첩 1/2t
설탕 1/2t
핫소스(또는 스리라차 소스) 1/2t
다진 마늘 1/2t
후춧가루 약간

만드는 법

1 참치는 기름을 빼고, 청양고추는 다져서 준비한다.

2 1과 나머지 매콤참치 토핑 재료를 모두 섞어 준다.

3 유부에 초밥용 밥을 2/3가량 꼭꼭 눌러서 채워 준다.

4 3에 매콤참치 토핑 재료를 올려 준다.

연어샐러드 김밥

• 466 kcal •

INGREDIENTS

김 1.5장
슬라이스 치즈 2장
연어 80g
청상추 5장
채 썬 적채 1/2컵
채 썬 양배추 1/2컵

채 썬 당근 1/2컵
슬라이스 양파 1/2컵

타르타르 소스
다진 삶은 달걀 1/2컵
다진 피클 1/2컵

다진 당근 1/4컵
다진 양파 1/2컵
마요네즈 3T
설탕 1/2T
소금 약간
후추 약간

만드는 법

1 연어는 잘라서 준비한다.

2 김 1장 위에 치즈 2장을 올려 준다.

3 치즈 위에 다시 김 1/2장을 올려 준다.

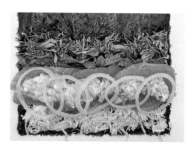

4 청상추, 적채, 양배추, 당근, 연어, 양파, 타르타르 소스 3T을 올려 준다.

5 꾹꾹 눌러 김밥을 말아 준다.

와사비크래미 또띠아샌드위치

· 354 kcal ·

INGREDIENTS

또띠아 1장
초록잎 채소 3줌
채 썬 적채 1줌

와사비크래미
크래미 2/3컵
채 썬 오이 1/4컵
마요네즈 2T
와사비 1t
후춧가루 약간

만드는 법

1 크래미는 잘게 찢어 준비한다.

2 오이는 잘게 채 썰어 준비한다.

3 손질한 크래미와 오이, 나머지 와사비크래미 재료를 모두 섞어 준다.

4 또띠아에 초록잎 채소, 채 썬 적채를 올려 준다.

5 와사비크래미를 올려 준다.

6 또띠아를 꾹꾹 눌러 단단히 포장한다.

하몽잡곡 유부초밥

• **338**kcal •

INGREDIENTS

초밥용 유부 3개	초밥 드레싱
초밥용 밥 1컵	간장 1T
하몽 30g	알룰로스1T
	고춧가루 1/2t

만드는 법

1 하몽은 잘라서 준비한다.

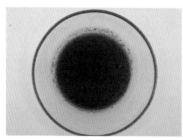

2 초밥 드레싱 재료를 모두 섞어서 준비한다.

3 유부에 초밥용 밥을 2/3가량 꾹꾹 눌러서 채워 준다.

4 3에 하몽과 초밥 드레싱을 올려 준다.

전복버터구이 덮밥

• **487**kcal •

INGREDIENTS

삶은 채소 1컵
현미밥 1컵(150g)
큰 전복 2마리(작은 전복은 4마리)
버터 1토막
다진 마늘 1t
올리고당 1T
맛술 1t
간장 1t
통깨 약간

만드는 법

1 손질한 전복은 칼집을 내어 준비한다.

2 예열된 팬에 버터를 넣고 다진 마늘을 볶아 준다.

3 2에 전복을 넣은 후 앞뒤로 구워 준다. 오래 굽지 않도록 주의한다.

4 3에 간장, 올리고당, 맛술, 통깨를 넣고 볶아 준다.

5 접시에 삶은 채소와 현미밥을 담아 준다.

6 전복버터구이를 올려 준다.

토마토 모차렐라 덮밥

• *477*kcal •

INGREDIENTS

현미밥 1컵(150g)	양파 1/4개
모차렐라치즈 2T	파프리카 1/4개
올리브유 1T	파프리카가루 1t
토마토 1/2개	케첩 1T
대파 1/4대	후추 약간

만드는 법

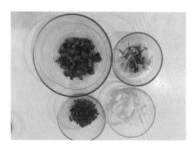

1 토마토, 대파, 양파, 파프리카는 모두 다져
서 준비한다.

2 예열된 팬에 올리브유를 두른 후 대파와
양파를 넣고 볶아 준다.

3 2에 토마토, 파프리카, 파프리카가루, 케
첩, 후추를 넣고 볶아 준다.

4 접시에 삶은 채소와 현미밥을 담아 준다.

5 토마토볶음과 모차렐라치즈를 함께 올려
준다.

고구마샐러드 김밥

· **349** kcal ·

INGREDIENTS

김 1.5장
현미곤약밥 1컵(150g)
고구마 1개
채 썬 청상추 1/2컵
채 썬 적채 1/2컵
채 썬 양배추 1/2컵
채 썬 당근 1/2컵

만드는 법

1 고구마는 180℃로 예열한 오븐에 40분가량 구워 준다.

2 김 1장 위에 치즈 2장을 올려 준다.

3 치즈 위에 다시 김 1/2장을 올려 준다.

4 청상추, 적채, 양배추, 당근, 구운 고구마를 올려 준다.

5 꾹꾹 눌러 김밥을 말아 준다.

베이컨달걀 김밥

• **482** kcal •

INGREDIENTS

김 1.5장
달걀지단 2컵
베이컨 2줄
올리브유 1T
채 썬 청상추 1/2컵
채 썬 적채 1/2컵

만드는 법

1 예열된 팬에 올리브유를 두르고 베이컨을
중강불에서 볶아 준다.

2 김 1장 위에 달걀지단을 고루 펴서 올려
준다.

3 달걀지단 위에 다시 김 1/2장을 올려 준다.

4 청상추, 적채를 올려 준다.

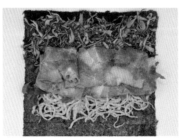

5 베이컨을 올려 준다.

6 꾹꾹 눌러 김밥을 말아 준다.

가지 덮밥

· **348**kcal ·

INGREDIENTS

가지 1개
현미밥 1컵(150g)

양념장
다진 마늘 1t
참깨 1t
간장 1t
된장 1t
설탕 1t
마요네즈 1T
맛술 1t

만드는 법

1 가지는 살짝 도톰하게 길게 잘라서 준비
  한다.

2 손질한 가지는 팬에 기름 없이 노릇하게
  구워 준다.

3 양념장 재료를 모두 섞은 후 2에 넣어 함
  께 구워 준다.

4 접시에 삶은 채소와 현미밥을 담아 준다.

5 가지볶음을 올려 준다.

마늘종달걀 김밥

• 502 kcal •

INGREDIENTS

	마늘종볶음 양념	
김 1.5장	고추장 1T	참기름 1/2t
달걀지단 2컵	간장 1/2T	깨 1/2t
마늘종 1컵	알룰로스1T	소금 약간
올리브유 1T	매실청1/2T	
채 썬 청상추 1/2컵	고춧가루1/2T	
채 썬 적채 1/2컵		

만드는 법

1 마늘종은 길게 잘라 끓는 물에서 30초가량 데쳐서 준비한다.

2 마늘종볶음 양념 재료를 모두 섞어 준비한다. 중불에 올리브유, 손질한 마늘종, 마늘종볶음 양념을 넣고 살짝 볶아 준다.

3 김 1장 위에 달걀지단을 고루 펴서 올리고, 그 위에 다시 김 1/2장을 올려 준다.

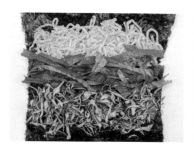

4 청상추, 적채를 올려 준다.

5 마늘종을 올려 준다.

6 꾹꾹 눌러 김밥을 말아 준다.

양배추쌈 또띠아샌드위치

• 332 kcal •

INGREDIENTS

또띠아 1장
초록잎 채소 3줌
채 썬 적채 1줌
채 썬 양배추 2줌

쌈장 소스
된장 1T
고추장 1/2T
다진 마늘 1T
알룰로스 2T
통깨 1/2t
참기름 1/2t

만드는 법

1 쌈장 소스 재료를 모두 섞어서 준비한다.

2 또띠아에 초록잎 채소, 채 썬 적채를 올려 준다.

3 채 썬 양배추를 올려 준다.

4 쌈장 소스 재료를 모두 섞은 후 3에 1~2T 을 올려 준다.

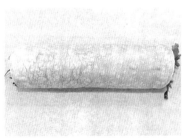

5 또띠아를 꾹꾹 눌러 단단히 포장한다.

베이컨샐러드 김밥

• **467**kcal •

INGREDIENTS

김 1.5장
슬라이스 치즈 2장
베이컨 2줄
올리브유 1T
굴소스 1/2t
알룰로스 1t

청상추 5장
채 썬 적채 1/2컵
채 썬 양배추 1/2컵
채 썬 당근 1/2컵
슬라이스 양파 1/2컵

만드는 법

1 예열된 팬에 올리브유를 두른 후 베이컨,
굴소스, 알룰로스를 넣고 볶아 준다.

2 김 1장 위에 치즈 2장을 올려 준다.

3 치즈 위에 다시 김 1/2장을 올려 준다.

4 청상추, 적채, 양배추, 당근을 올리고, 조
리한 베이컨과 양파를 올려 준다.

5 꾹꾹 눌러 김밥을 말아 준다.

마늘종잡곡 유부초밥

• 368kcal •

INGREDIENTS

초밥용 유부 3개
초밥용 밥 1컵
마늘종 1컵

마늘종볶음 양념
고추장 1T
간장 1/2T
알룰로스 1T
매실청 1/2T
고춧가루 1/2T
참기름 1/2t
깨 1/2t
소금 약간

만드는 법

1 마늘종은 2~3cm 길이로 잘라서 준비한다.

2 끓는 물에 30초가량 데쳐서 준비한다.

3 마늘종볶음 양념장 재료를 모두 섞어서 준비한다.

4 중불에서 3을 볶다가 마늘종을 넣고 살짝 볶아 준다.

5 초밥용 밥을 2/3가량 꾹꾹 눌러서 채워 준다.

6 5에 마늘종 토핑을 올려 준다.

30일 837kcal

고추참치흑미 김밥
· 544kcal ·

INGREDIENTS

김 1.5장
흑미밥 1컵(150g)
채 썬 청상추 1/2컵
채 썬 적채 1/2컵
채 썬 양배추 1/2컵

고추참치 토핑
참치 1/2컵
올리브유 1T
청양고추 1개
고추장 1T
고춧가루 1/2t
케첩 1/2t

설탕 1/2t
핫소스 1/2t
(스리라차 소스 대체 가능)
다진 마늘 1/2t
후춧가루 약간

만드는 법

1 참치는 기름을 빼서 준비하고 청양고추는 다져 준다.

2 1과 나머지 고추참치 토핑 재료를 모두 섞어 준다.

3 김 1장 위에 흑미밥을 고루 펴서 올리고, 그 위에 다시 김 1/2장을 올려 준다.

4 청상추, 적채, 양배추를 올려 준다.

5 고추참치 토핑을 모두 올려 준다.

6 꾹꾹 눌러 김밥을 말아 준다.

파프리카유자청
또띠아샌드위치

• 293 kcal •

INGREDIENTS

또띠아 1장
초록잎 채소 3줌
채 썬 적채 1줌
채 썬 파프리카 3줌
유자청 2T

만드는 법

1 파프리카는 채 썰어 준비한다.

2 또띠아에 초록잎 채소, 채 썬 적채를 올려
준다.

3 파프리카를 올려 준다.

4 유자청을 올려 준다.

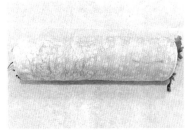

5 또띠아를 꾹꾹 눌러 단단히 포장한다.

참치김치 덮밥

• **580** kcal •

INGREDIENTS

삶은 채소 1컵
현미밥 1컵(150g)
참치 1/2컵
양파 1/4개
김치 1/2컵
대파 1/2대
다진 마늘 1t
올리브유 2T

만드는 법

1 예열된 팬에 다진 마늘과 잘게 썬 대파를 넣고 볶아 준다.

2 1에 김치와 양파를 넣고 볶아 준다.

3 2에 참치를 넣고 볶아 준다.

4 접시에 삶은 채소와 현미밥을 담아 준다.

5 김치참치볶음을 올려 준다.

크래미곤약 김밥

• **261** kcal •

INGREDIENTS

김 1.5장
현미곤약밥 1컵(150g)
크래미 1줄
채 썬 청상추 1/2컵
채 썬 적채 1/2컵
채 썬 양배추 1/2컵
채 썬 당근 1/2컵
단무지 1/3컵

만드는 법

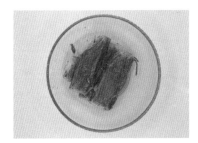

1 크래미는 팬에 구워서 준비한다.

2 1장 위에 현미곤약밥을 고루 펴서 올려 준다.

3 현미곤약밥 위에 다시 김 1/2장을 올려
준다.

4 청상추, 적채, 양배추, 당근, 단무지를 올
려 준다.

5 구운 크래미를 올려 준다.

6 꾹꾹 눌러 김밥을 말아 준다.

32일
844 kcal

불고기달걀 김밥
• 604 kcal •

INGREDIENTS

김 1.5장
불고기용 소고기 100g
달걀지단 2컵
올리브유 1T
채 썬 청상추 1/2컵
채 썬 적채 1/2컵

불고기 양념
간장 1T
설탕 1t
물엿 1/2T
물 2T
다진 마늘 1t

참기름 1t
후추 약간
통깨 약간

만드는 법

1 소고기는 적당한 크기로 자르고 불고기 양념 재료를 넣고 섞어 30분가량 재워 준다.

2 예열된 팬에 올리브유를 두른 후 1을 넣고 익혀 준다.

3 김 1장 위에 달걀지단을 고루 펴서 올려 주고, 그 위에 다시 김 1/2장을 올려 준다.

4 청상추, 적채를 올려 준다.

5 불고기를 올려 준다.

6 꾹꾹 눌러 김밥을 말아 준다.

팽이버섯곤약 유부초밥

· **240** kcal ·

INGREDIENTS

초밥용 유부 3개
초밥용 밥 1컵
올리브유 1T

팽이버섯 토핑
팽이버섯 1/2봉
양파 1/4개
간장 1/2T
알룰로스 1t
후추 약간
통깨 약간

만드는 법

1 팽이버섯은 뿌리 부분을 잘라준 후 길게 정리한다.

2 양파는 다져서 준비한다.

3 예열된 팬에 올리브유를 두른 후 손질한 팽이버섯과 양파, 나머지 팽이버섯 토핑 재료를 넣고 볶아 준다.

4 유부에 초밥용 밥을 2/3가량 꾹꾹 눌러서 채워 준다.

5 4에 팽이버섯 토핑을 올려 준다.

33일
847 kcal

불고기 덮밥
• 575 kcal •

INGREDIENTS

불고기용 소고기 100g	불고기 양념	다진 마늘 1t
현미밥 1컵(150g)	간장 1T	참기름 1t
양파 1/4개	설탕 1t	후추 약간
올리브유 1T	물엿 1/2T	통깨 약간
	물 2T	

만드는 법

1 소고기는 적당한 크기로 자르고, 양파는 잘라서 준비한다.

2 불고기 양념장 재료를 모두 섞어 준다. 1을 불고기 양념장에 넣어 30분가량 재워 준다.

3 예열된 팬에 올리브유를 두른 후 2번을 넣고 익혀 준다.

4 접시에 삶은 채소와 현미밥을 담아 준다.

5 불고기를 올려 준다.

날치알깻잎두부 유부초밥
• 272 kcal •

INGREDIENTS

초밥용 유부 3개
두부 1컵(150g가량)
날치알 1T

깻잎 양념
다진 깻잎 10장
마요네즈 1t
초장 1T
참기름 1/2t
후춧가루 약간

만드는 법

1 깻잎은 잘게 다져서 준비한다.

2 깻잎 양념 재료를 모두 섞어서 준비한다.

3 유부에 초밥용 두부를 1/2~2/3가량 꾹꾹 눌러서 채워 준다.

4 3에 양념한 깻잎을 1T 올려 준다.

5 4에 날치알을 토핑해 준다.

34일
862 kcal

매콤크림치즈
또띠아샌드위치

· **584** kcal ·

INGREDIENTS

또띠아 1장
초록잎 채소 3줌
채 썬 적채 1줌

매콤크림치즈
크림치즈 1/2컵
청양고추 1개
홍고추 1/2개
알룰로스 2T

만드는 법

1 크림치즈는 잘 풀어 주어 준비한다.

2 청양고추와 홍고추는 다져서 준비한다.

3 1과 2와 나머지 매콤크림치즈 재료를 모두 섞어 준다.

4 또띠아에 초록잎 채소, 채 썬 적채를 올려 준다.

5 매콤크림치즈를 올려 준다.

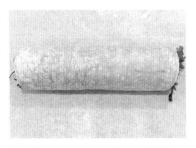

6 또띠아를 꾹꾹 눌러 단단히 포장한다.

토마토곤약 유부초밥

• **278**kcal •

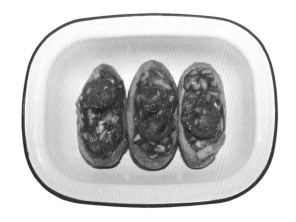

INGREDIENTS

초밥용 유부 3개
초밥용 밥 1컵
올리브유 1T

토마토 토핑

방울토마토 3개
다진 대파 1t
양파 1/5개
파프리카가루 1t
케첩 1T
후추 약간

만드는 법

1 토마토는 자르고, 양파는 다져서 준비한다.

2 예열된 팬에 올리브유를 두른 후 토핑 재료를 모두 넣고 볶아 준다.

3 유부에 초밥용 밥을 2/3가량 꼭꼭 눌러서 채워 준다.

4 3에 토마토 토핑을 올려 준다.

낙지 덮밥

• **542**kcal •

INGREDIENTS

삶은 채소 1컵	양념장	참기름 1/2t
현미밥 1컵(150g)	고추장 1T	후춧가루 약간
낙지 100g(약 1마리)	고춧가루 1t	
양파 1/4개	맛술 1t	
대파 1/2대	양조간장 1t	
홍고추 약간	올리고당 2t	
올리브유 1T	다진 마늘 1/2t	

만드는 법

1 손질된 낙지를 끓는 물에 20초 정도 데쳐 준다.

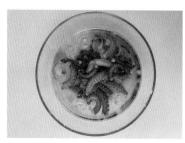

2 데친 낙지는 얼음물에 담가 열기를 빼 준다.

3 양념장 재료를 모두 섞어 준다. 예열된 팬에 올리브유를 두르고 양파와 양념장을 넣고 볶아 준다.

4 대파와 홍고추, 낙지를 넣고 한 번 더 볶아 준다.

5 접시에 삶은 채소와 현미밥을 담아 준다.

6 낙지볶음을 올려 준다.

프로슈토샐러드 김밥

· 337kcal ·

INGREDIENTS

김 1.5장
슬라이스 치즈 2장
프로슈토 2줄(40g)
청상추 5장
채 썬 적채 1/2컵
채 썬 양배추 1/2컵
채 썬 당근 1/2컵
단무지 1/3컵

만드는 법

1 김 1장 위에 치즈 2장을 올려 준다.

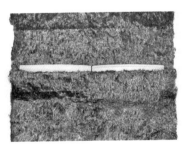

2 치즈 위에 다시 김 1/2장을 올려 준다.

3 청상추, 적채, 양배추, 당근, 단무지를 올려 준다.

4 프로슈토를 올려 준다.

5 꾹꾹 눌러 김밥을 말아 준다.

브리치즈흑미 김밥

• 538 kcal •

INGREDIENTS

김 1.5장
흑미밥 1컵(150g)
브리치즈 1/2컵
채 썬 청상추 1/2컵
채 썬 적채 1/2컵

채 썬 양배추 1/2컵
블랙 올리브 10개
토마토 1/2개
발사믹글레이즈 1T

만드는 법

1 김 1장 위에 흑미밥을 고루 펴서 올려 준다.

2 흑미밥 위에 다시 김 1/2장을 올려 준다.

3 청상추, 적채, 양배추를 올려 준다.

4 길쭉하게 자른 브리치즈, 슬라이스한 토마토, 블랙올리브를 올려 준다.

5 발사믹글레이즈를 올려 준다.

6 꾹꾹 눌러 김밥을 말아 준다.

명란아보카도 덮밥
• 343 kcal •

INGREDIENTS

삶은 채소 1컵
현미밥 1컵(150g)
아보카도 1/2개
반숙 달걀프라이 1개
새싹채소 1줌
참기름 1T

명란 소스
명란 1/2알
다진 양파 2T
레몬즙 1t
후춧가루 약간

만드는 법

1 슬라이스한 아보카도를 준비한다.

2 접시에 삶은 채소와 현미밥을 담아 준다.

3 2에 새싹채소를 올려 준다.

4 명란 소스 재료를 모두 섞어 준다. 3에 아
보카도, 달걀, 명란 소스, 참기름을 올려
준다.

PART 3

1일 900kcal대
다이어트 식단

🍴 1일 900kcal대 다이어트 식단 메뉴 소개

일차	첫 번째 식단	칼로리	두 번째 식단	칼로리	총칼로리
37일	아보카도두부 유부초밥	583	소시지 또띠아샌드위치	317	**900**
38일	명란구이오이 덮밥	398	오징어흑미 김밥	504	**902**
39일	불고기 또띠아샌드위치	491	묵은지현미 김밥	412	**903**
40일	낙지잡곡 유부초밥	484	모차렐라치즈달걀 김밥	422	**906**
41일	고추참치 덮밥	540	오리엔탈토마토샐러드 김밥	366	**906**
42일	갈릭새우두부 유부초밥	541	당근라페샐러드 김밥	366	**907**
43일	매콤닭가슴살 덮밥	483	당근라페두부 유부초밥	425	**908**
44일	갈릭새우 덮밥	550	김치볶음곤약 김밥	359	**909**
45일	딜크림치즈 또띠아샌드위치	583	당근라페 또띠아샌드위치	333	**916**
46일	명란마요현미 김밥	489	브리치즈올리브 또띠아샌드위치	427	**916**
47일	김치볶음잡곡 유부초밥	461	토마토모차렐라 또띠아샌드위치	457	**918**
48일	돼지고기꽈리고추 덮밥	526	와사비크래미두부 유부초밥	397	**923**
49일	칠리새우 덮밥	610	커리잡곡 유부초밥	314	**924**
50일	칠리새우두부 유부초밥	517	참타리버섯 또띠아샌드위치	411	**928**

37일 아보카도두부 유부초밥 583kcal / 소시지 또띠아샌드위치 317kcal

아보카도두부 유부초밥은 부드러운 아보카도와 부드러운 두부, 달콤한 유부를 결합한 건강 유부초밥입니다. 아보카도의 고소한 맛을 최대한 살리는 게 포인트입니다. 아울러 소시지와 또띠아가 맛있게 조화를 이룬 소시지구이 또띠아샌드위치를 소개합니다. 식감뿐만 아니라 단백질도 풍부하고 씹는 소리까지 즐겁습니다.

38일 명란구이오이 덮밥 398kcal / 오징어흑미 김밥 504kcal

명란구이오이 덮밥은 밥 반찬이나 술안주로도 활용할 수 있는 명란구이로 만든 메뉴입니다. 오이로 명란의 짠맛을 잡아 맛이 깔끔하고 식감이 매력적입니다. 색다른 맛을 원하는 이들에게 추천하는 메뉴입니다. 명란의 칼로리가 다소 높으므로 듀오 메뉴로는 오징어흑미 김밥이 제격입니다. 흑미의 풍부한 식이섬유와 항산화 성분, 그리고 저지방, 고단백의 오징어가 만나 맛과 영양을 동시에 충족시켜 줍니다.

불고기 또띠아샌드위치 491kcal / 묵은지현미 김밥 412kcal

 불고기 또띠아샌드위치는 아는 맛이지만 언제 먹어도 맛있는 메뉴입니다. 불고기의 단짠 조합과 어울리는 메뉴를 고르자면 묵은지김치 현미김밥이 있습니다. 묵은지와 현미의 조합이니 건강하고 담백한 맛으로 깔끔하게 즐길 수 있습니다.

낙지잡곡 유부초밥 484kcal / 모차렐라치즈달걀 김밥 422kcal

 낙지는 쫄깃한 식감과 풍부한 영양소로 인기가 많은 식재료입니다. 타우린, 철분, 칼슘 등이 포함되어 있어 피로 회복과 빈혈에도 효과적입니다. 주로 볶음이나 탕으로 활용되지만 유부초밥의 속재료로 쓰면 재료 본연의 맛과 풍미를 잘 살릴 수 있습니다. 함께 하면 좋은 메뉴로는 모차렐라치즈달걀 김밥을 추천합니다. 모차렐라 치즈는 이탈리아에서 유래한 연질의 치즈로 신선하고 부드러운 질감과 순한 맛이 특징입니다. 체다 치즈나 파르메산 치즈와 달리 오래 숙성되지 않아 맛이 담백하고 식감이 촉촉해서 달걀과 함께 김밥에 추가하면 그 특징을 극대화할 수 있습니다.

고추참치 덮밥 540kcal / 오리엔탈토마토샐러드 김밥 366kcal

 고추참치 덮밥은 보장된 맛과 함께 조리가 간편하고 빠르게 준비할 수 있는 점이 장점입니다. 쉽게 만들고 편하게 먹을 수 있는 만큼 바쁜 하루를 보내는 분들에게 좋은 선택이 될 수 있습니다. 함께 하면 좋은 메뉴로는 오리엔탈토마토샐러드 김밥을 추천합니다. 오리엔탈 소스와 토마토의 이국적인 만남을 샐러드 김밥에 담아 가볍게 즐길 수 있습니다. 영양 가득한 레시피로 맛과 건강 을 모두 챙길 수 있습니다.

갈릭새우두부 유부초밥 541kcal / 당근라페샐러드 김밥 366kcal

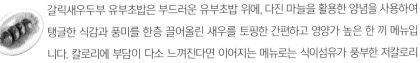 갈릭새우두부 유부초밥은 부드러운 유부초밥 위에, 다진 마늘을 활용한 양념을 사용하여 탱글한 식감과 풍미를 한층 끌어올린 새우를 토핑한 간편하고 영양가 높은 한 끼 메뉴입 니다. 칼로리에 부담이 다소 느껴진다면 이어지는 메뉴로는 식이섬유가 풍부한 저칼로리 당근라페샐러드 김밥을 추천합니다. 당근라페는 식감이 아삭하고 맛이 신선하여 에피타이저로 다양하게 활용할 수 있습니다.

43일 매콤닭가슴살 덮밥 483kcal / 당근라페두부 유부초밥 425kcal

일반적인 닭가슴살 덮밥에 매콤함을 가미한 메뉴를 소개합니다. 함께하면 좋은 메뉴로는 당근라페두부 유부초밥을 추천합니다. 당근라페는 프랑스식 당근 샐러드로 얇게 채 썬 당근을 가벼운 드레싱으로 버무려 반찬으로 먹거나 유부초밥의 토핑으로 활용할 수 있습니다. 영양소를 챙기며 식단을 관리하는 데 좋은 메뉴입니다.

44일 갈릭새우 덮밥 550kcal / 김치볶음곤약 김밥 359kcal

갈릭새우 덮밥으로 새우의 식감과 마늘의 풍미를 살리며 든든한 한 끼를 준비할 수 있습니다. 함께 하면 좋은 메뉴로는 재료의 참맛으로 승부하는 김치볶음곤약 김밥을 추천합니다. 곤약의 낮은 칼로리와 잘 어울리는 저칼로리 메뉴입니다. 다만, 김치의 상태에 따라 양념의 가감이 필요합니다.

45일 딜크림치즈 또띠아샌드위치 583kcal / 당근라페 또띠아샌드위치 333kcal

딜크림은 신선한 딜 허브를 사용해 만든 크림소스로 상큼하고 부드러운 맛이 특징입니다. 치즈와 함께 사용하면 지중해식 식사를 연상케 하는 효과가 있습니다. 또띠아샌드위치의 속재료로 넣어 간단하게 즐길 수 있습니다. 함께 하면 좋은 메뉴로는 상큼하고 아삭한 당근 라페와 신선한 채소들이 어우러진 당근라페 또띠아샌드위치를 추천합니다. 당근라페는 비타민 A와 식이섬유가 풍부해 눈 건강과 소화에 좋으며, 저지방 저칼로리를 유지하는 데 효율적입니다.

46일 명란마요현미 김밥 489kcal / 브리치즈올리브 또띠아샌드위치 427kcal

명란마요현미 김밥은 명란과 마요네즈를 혼합한 소스를 활용하여 고소하면서도 짭짤한 맛이 특징입니다. 특별한 풍미를 느낄 수 있는 별미인 만큼 현미 김밥과 함께 만든다면 건강을 고려한 최적의 구성이 될 수 있습니다. 좀더 색다른 별미로 브리치즈올리브 또띠아 샌드위치를 소개합니다. 크리미한 질감의 은은한 맛이 특색인 브리치즈와 풍부한 향과 부드러움이 있는 올리브가 잘 결합된 건강 또띠아샌드위치입니다.

김치볶음잡곡 유부초밥 461kcal / 토마토모차렐라 또띠아샌드위치 457kcal

 매콤달콤한 김치볶음을 유부초밥의 토핑 재료로 활용하는 메뉴를 소개합니다. 맛있는 김치볶음밥을 크게 1숟가락 떠 먹는 느낌과 함께 부드러운 유부의 식감으로 마무리가 깔끔합니다. 토마토모차렐라 또띠아샌드위치는 이탈리아식 대중 요리로 슬라이스한 토마토와 모차렐라 치즈를 활용합니다. 토마토의 상큼함과 모차렐라 치즈의 크리미한 식감이 잘 어우러져 가볍고도 풍부한 맛을 즐길 수 있습니다.

돼지고기꽈리고추 덮밥 526kcal / 와사비크래미두부 유부초밥 397kcal

 돼지고기와 꽈리고추의 조합은 항상 성공적입니다. 돼지고기 양념에 꽈리고추의 식감과 영양소를 더한다면 든든한 한 끼 식사가 됩니다. 고기 식단 이후에는 가볍게 와사비크래미 유부초밥을 추천합니다. 크래미의 부드러운 식감에 와사비를 곁들이면 더욱 풍성한 맛과 향을 느낄 수 있습니다.

칠리새우 덮밥 610kcal / 커리잡곡 유부초밥 314kcal

칠리새우 덮밥은 매콤달콤 칠리 소스와 새우를 조합한 레시피입니다. 특별한 맛을 내지만 쉽게 만들 수 있는 별미식으로 어린이 친구들에게 항상 환영받는 메뉴입니다. 함께 하면 좋은 메뉴로는 커리잡곡 유부초밥을 추천합니다. 커리의 풍미를 느끼면서 유부초밥의 가벼움을 함께 맛볼 수 있어 매력적입니다.

  칠리새우두부 유부초밥 517kcal / 참타리버섯 또띠아샌드위치 411kcal

칠리 소스는 매콤달콤한 맛의 대표적인 소스로 다양한 아시아 요리에 사용됩니다. 새우와 함께 사용하면 식감과 맛의 조화가 일품입니다. 유부초밥의 부드러움과 함께 칠리새우 토핑으로 맛있는 한 끼를 추천합니다. 이어지는 메뉴로는 참타리버섯 또띠아샌드위치를 추천합니다. 참타리버섯은 한국 고유의 야생 버섯으로 식감이 쫄깃하고 깊은 향이 특징입니다. 비타민과 미네랄 함유가 높아 항산화 효과가 있으며, 혈당 관리에도 좋은 식재료입니다.

아보카도두부 유부초밥
• 583 kcal •

INGREDIENTS

초밥용 유부 3개
토핑용 아보카도 1/2개

아보카도두부
두부 1컵(150g가량)
으깬 아보카도 1/2개
들기름 1T
파프리카 1/4개
식초
간장 1/2t

만드는 법

1 아보카도는 으깨서 준비하고, 파프리카는 다져서 준비한다.

2 1에 나머지 아보카도두부 토핑 재료를 넣고 모두 섞어 준다.

3 유부에 아보카도두부를 1/2~2/3가량 꾹꾹 눌러서 채워 준다.

4 3 위에 토핑용 아보카도를 잘게 잘라 올려 준다.

소시지 또띠아샌드위치

• **317** kcal •

INGREDIENTS

또띠아 1장
소시지 1개
초록잎 채소 3줌
채 썬 적채 1줌

만드는 법

1 소시지는 칼집을 내어 준비한다.

2 손질한 소시지는 에어프라이어에서 160℃
로 8~10분 구워 준다.

3 또띠아에 초록잎 채소, 채 썬 적채를 올려
준다.

4 구운 소시지를 올려 준다.

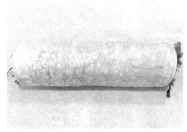

5 또띠아를 꾹꾹 눌러 단단히 포장한다.

38일
902kcal

명란구이오이 덮밥

• *398*kcal •

INGREDIENTS

삶은 채소 1컵
현미밥 1컵(150g)
명란 1알
오이 1/4개
올리브유 1t
버터 1토막

마요스리라차 소스
마요네즈 2T
스리라차 소스 1t
요리당 1t
후춧가루 약간

만드는 법

1 예열된 팬에 올리브유와 버터를 두른 후 중약불로 명란을 앞뒤로 구워 준다.

2 접시에 삶은 채소와 현미밥, 익힌 명란과 오이를 함께 담아 준다.

3 마요스리라차 소스를 올려 준다.

TIP

마지막 과정에 마요네즈를 더 토핑해 주어도 좋다.

오징어흑미 김밥
• 504kcal •

INGREDIENTS

김 1.5장
흑미밥 1컵(150g)
채 썬 청상추 1/2컵
채 썬 적채 1/2컵
채 썬 양배추 1/2컵

오징어볶음 토핑
오징어 50g
올리브유 1T
고추장 1/2T
고춧가루 1/2t
맛술 1/2t
양조간장 1/2t
알룰로스 1t
다진 마늘 1/3t
참기름 1/3t
후춧가루 약간

만드는 법

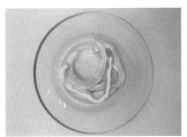

1 데친 오징어는 잘라서 준비한다.

2 예열된 팬에 오징어와 나머지 오징어볶음 토핑 재료를 넣고 중강불에서 볶아 준다.

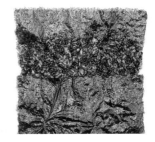

3 김 1장 위에 흑미밥을 고루 펴서 올리고, 그 위에 다시 김 1/2장을 올려 준다.

4 청상추, 적채, 양배추를 올려 준다.

5 오징어볶음을 올려 준다.

6 꾹꾹 눌러 김밥을 말아 준다.

39일
903 kcal

불고기 또띠아샌드위치
• **491** kcal •

INGREDIENTS

또띠아 1장
불고기용 소고기 100g
초록잎 채소 3줌
채 썬 적채 1줌

불고기 양념
간장 1T
설탕 1t
물엿 1/2T
물 2T
다진 마늘 1t

참기름 1t
후추 약간
통깨 약간
양파 1/4개

만드는 법

1 소고기와 양파를 적당한 크기로 잘라서 준비한다.

2 불고기 양념장 재료를 모두 섞어 준다. 1 을 불고기 양념장에 넣어 30분가량 재워 준다.

3 예열된 팬에 올리브유를 두른 후 2번을 넣고 익혀 준다.

4 또띠아에 초록잎 채소, 채 썬 적채를 올려 준다.

5 불고기를 올려 준다.

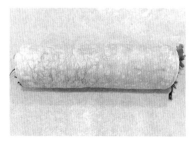

6 또띠아를 꾹꾹 눌러 단단히 포장한다.

묵은지현미 김밥

• **412** kcal •

INGREDIENTS

김 1.5장
현미밥 1컵(150g)
채 썬 청상추 1/2컵
채 썬 적채 1/2컵
채 썬 양배추 1/2컵

묵은지 토핑
묵은지 1/2컵
알룰로스 1t
들기름 1T
깨 1/2t

만드는 법

1 씻은 묵은지와 알룰로스, 들기름, 깨를 섞어 묵은지 토핑을 준비한다.

2 김 1장 위에 현미밥을 고루 펴서 올려 준다.

3 현미밥 위에 다시 김 1/2장을 올려 준다.

4 청상추, 적채, 양배추를 올려 준다.

5 준비한 묵은지 토핑을 올려 준다.

6 꾹꾹 눌러 김밥을 말아 준다.

낙지잡곡 유부초밥

• 484 kcal •

INGREDIENTS

초밥용 유부 3개　　낙지 토핑　　　　　양조간장 1/2t
초밥용 밥 1컵　　　낙지 100g(약 1마리)　알룰로스 1t
　　　　　　　　　올리브유 1T　　　　다진 마늘 1/3t
　　　　　　　　　고추장 1/2T　　　　참기름 1/3t
　　　　　　　　　고춧가루 1/2t　　　후춧가루 약간
　　　　　　　　　맛술 1/2t

만드는 법

1 손질된 낙지를 끓는 물에 20초 정도 데쳐 준다.

2 데친 낙지는 얼음물에 담가 열기를 빼 준다.

3 예열된 팬에 2와 나머지 낙지 토핑 재료를 모두 넣고 중강불에서 볶아 준다.

4 유부에 초밥용 밥을 2/3가량 꾹꾹 눌러서 채워 준다.

5 4에 낙지 토핑을 올려 준다.

모차렐라치즈달걀 김밥

• 422 kcal •

INGREDIENTS

김 1.5장
달걀지단 2컵
스트링 모차렐라치즈 2개
채 썬 청상추 1/2컵
채 썬 적채 1/2컵

만드는 법

1 김 1장 위에 달걀지단을 고루 펴서 올려 준다.

2 달걀지단 위에 다시 김 1/2장을 올려 준다.

3 청상추, 적채를 올려 준다.

4 스트링 모차렐라치즈를 올려 준다.

5 꾹꾹 눌러 김밥을 말아 준다.

고추참치 덮밥

• 540 kcal •

INGREDIENTS

삶은 채소 1컵
현미밥 1컵(150g)
참치 1/2컵
양파 1/4개
당근 1/5개
청양고추 1개
파프리카 1/4개
올리브유 1T

양념장
고추장 2T
고춧가루 1t
케첩 1t
설탕 1t
핫소스(또는 스리라차 소스) 1t
다진 마늘 1t
후춧가루 약간

만드는 법

1 양파, 당근, 청양고추, 파프리카는 잘게 다
  져서 준비한다.

2 예열된 팬에 올리브유를 두른 후 손질한
  채소를 볶아 준다.

3 양념장 재료를 섞은 후 2에 참치와 함께
  넣고 볶아 준다.

4 접시에 삶은 채소와 현미밥을 담아 준다.

5 고추참치볶음을 올려 준다.

오리엔탈토마토샐러드 김밥

• **366**kcal •

INGREDIENTS

김 1.5장
슬라이스 치즈 2장
토마토 1개
청상추 5장
채 썬 적채 1/2컵
채 썬 양배추 1/2컵
채 썬 당근 1/2컵
단무지 1/3컵

오리엔탈 토마토 소스
다진 토마토 1컵
발사믹 식초 1T
알룰로스 2T
다진 양파 2T

만드는 법

1 김 1장 위에 치즈 2장을 올려 준다.

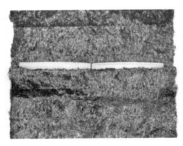

2 치즈 위에 다시 김 1/2장을 올려 준다.

3 청상추, 적채, 양배추, 당근, 단무지를 올려 준다.

4 오리엔탈 토마토 소스 재료를 모두 섞어 준다. 3에 슬라이스한 토마토와 오리엔탈 토마토 소스를 올려 준다.

5 꾹꾹 눌러 김밥을 말아 준다.

갈릭새우두부 유부초밥

• 541 kcal •

INGREDIENTS

초밥용 유부 3개   갈릭새우 양념   토핑
두부 1컵(150g가량)   버터 1토막   갈릭칩 약간
새우 6마리(약 5cm   다진 마늘 1T
길이)   맛술 1t
소금 약간   레몬즙 1t
후추 약간
올리브유 1T

만드는 법

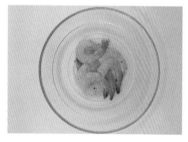

1 새우는 물에 씻어 물기를 제거한 후 소금, 후추를 뿌려 준다.

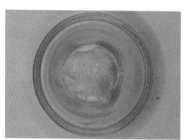

2 버터는 전자레인지에 데워 녹여 준다.

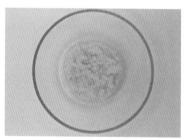

3 2에 나머지 갈릭새우 양념 재료를 넣고 섞어서 준비한다.

4 예열된 팬에 올리브유를 두른 후 준비한 새우와 갈릭새우 양념을 넣고 중불에서 볶아 준다.

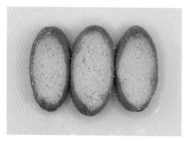

5 유부에 초밥용 두부를 1/2~2/3가량 꾹꾹 눌러서 채워 준다.

6 5에 갈릭새우를 2마리씩 올린 후 갈릭칩을 올려 준다. 새우 크기가 작을 경우 3마리씩 올려 준다.

당근라페샐러드 김밥
· **366**kcal ·

INGREDIENTS

김 1.5장
슬라이스 치즈 2장
청상추 5장
채 썬 적채 1/2컵
채 썬 양배추 1/2컵

당근라페 토핑
필러로 손질한 당근 1컵
홀그레인 1/2t
올리브유 1T
식초 1/2t
후춧가루 약간

만드는 법

1 당근은 필러로 슬라이스하여 준비한다.

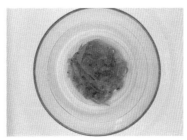

2 당근라페 토핑 재료를 모두 넣고 30분 이상 절여 준다.

3 김 1장 위에 치즈 2장을 올려 준다.

4 치즈 위에 다시 김 1/2장을 올려 준다.

5 청상추, 적채, 양배추와 준비한 당근라페를 올려 준다.

6 꾹꾹 눌러 김밥을 말아 준다.

매콤닭가슴살 덮밥

• 483kcal •

INGREDIENTS

삶은 닭가슴살 100g	양념장	참치액 1/2t
현미밥 1컵(150g)	다진 청양고추 1/2개	고춧가루 1t
월계수잎 1장	대파 1/4대	다진 마늘 1t
통후추 약간	간장 1/2t	설탕 1/3t
올리브유 1T	매실액 1/2t	

만드는 법

1 닭가슴살은 월계수잎과 통후추를 넣고 삶아서 준비한다.

2 닭가슴살은 결대로 찢어서 준비한다.

3 양념장 재료를 모두 섞어 준비한다. 예열 된 팬에 올리브유를 두른 후 닭가슴살과 양념장을 넣고 볶아 준다.

4 접시에 삶은 채소와 현미밥을 담아 준다.

5 매콤닭가슴살을 올려 준다.

당근라페두부 유부초밥

· 425 kcal ·

INGREDIENTS

초밥용 유부 3개
두부 1컵(150g가량)

당근라페 토핑
필러로 손질한 당근 1컵
홀그레인 1/2t
올리브유 1T
식초 1/2t
후춧가루 약간

만드는 법

1 당근은 필러로 슬리이스하여 준비한다.

2 1과 나머지 당근라페 토핑 재료를 모두 넣고 30분 이상 절여 준다.

3 유부에 초밥용 두부를 1/2~2/3가량 꾹꾹 눌러서 채워 준다.

4 3에 당근라페를 올려 준다.

갈릭새우 덮밥

• **550**kcal •

INGREDIENTS

삶은 채소 1컵
현미밥 1컵(150g)
새우 6마리(약 5cm 길이)
올리브유 2T
소금 약간
후추 약간

버터 1토막
다진 마늘 1t
슬라이스 마늘 1개
양파 1/4개
맛술 1t
레몬즙 1t

만드는 법

1 새우는 물에 씻어 물기를 제거한 후 소금, 후추를 뿌려 준다.

2 예열된 팬에 올리브유를 두른 후 다진 마늘과 슬라이스한 마늘, 양파, 버터를 넣고 볶아 준다.

3 2에 새우와 레몬즙 맛술을 넣고 볶아 준다.

4 접시에 삶은 채소와 현미밥을 담아 준다.

5 볶은 갈릭새우를 올려 준다.

김치볶음곤약 김밥
• **359** kcal •

INGREDIENTS

김 1.5장
현미곤약밥 1컵(150g)
올리브유 1T
채 썬 청상추 1/2컵
채 썬 적채 1/2컵
채 썬 양배추 1/2컵

김치볶음
김치 1컵
대파 1/4대
양파 1/4개
간장 1/2t
알룰로스 1/2T
참기름 1/2t
매실청 1/2t
고춧가루 1/2t
참기름 1/2t
깨 1/2t

만드는 법

1 김치볶음 재료를 모두 섞는다.

2 예열된 팬에 올리브유를 두른 후 1을 모두 넣고 볶아 준다.

3 김 1장 위에 현미곤약밥을 고루 펴서 올려 준다.

4 현미곤약밥 위에 다시 김 1/2장을 올려 준다.

5 청상추, 적채, 양배추와 준비한 김치볶음을 올려 준다.

6 꾹꾹 눌러 김밥을 말아 준다.

딜크림치즈 또띠아샌드위치

• **583**kcal •

INGREDIENTS

또띠아 1장
초록잎 채소 3줌
채 썬 적채 1줌

딜크림치즈
크림치즈 1/2컵
딜 1T
알룰로스 2T

만드는 법

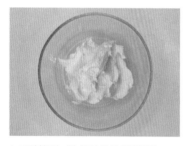

1 크림치즈는 잘 풀어 주어 준비한다.

2 딜은 다져서 준비한다.

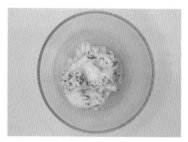

3 1과 2와 나머지 딜크림치즈 재료를 모두 섞어 준다.

4 또띠아에 초록잎 채소, 채 썬 적채를 올려 준다.

5 딜크림치즈를 올려 준다.

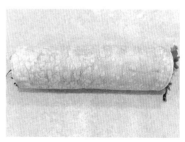

6 또띠아를 꾹꾹 눌러 단단히 포장한다.

당근라페 또띠아샌드위치
•333kcal•

INGREDIENTS

또띠아 1장
초록잎 채소 3줌
채 썬 적채 1줌

당근라페
필러로 손질한 당근 1컵
홀그레인 1/2t
올리브유 1T
식초 1/2t
후춧가루 약간

만드는 법

1 당근은 필러로 슬라이스하여 준비한다.

2 당근라페 재료를 모두 섞고, 1을 담가 30분 이상 절여 준다.

3 또띠아에 초록잎 채소, 채 썬 적채를 올려 준다.

4 당근라페를 올려 준다.

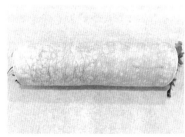

5 또띠아를 꾹꾹 눌러 단단히 포장한다.

명란마요현미 김밥
• **489** kcal •

INGREDIENTS

김 1.5장
현미밥 1컵(150g)
명란 2알
올리브유 1T
채 썬 청상추 1/2컵
채 썬 적채 1/2컵
채 썬 양배추 1/2컵

마요스리라차 소스
마요네즈 2T
스리라차 소스 1t
요리당 1t
후춧가루 약간

만드는 법

1 예열된 팬에 올리브유를 넣고 중약불로
명란을 앞뒤로 구워 준다.

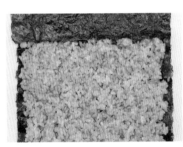

2 김 1장 위에 현미밥을 고루 펴서 올려 준다.

3 현미밥 위에 다시 김 1/2장을 올려 준다.

4 마요스리라차 소스 재료를 모두 섞어 준다.
3에 청상추, 적채, 양배추를 올리고 구운
명란과 마요스리라차 소스를 올려 준다.

5 꾹꾹 눌러 김밥을 말아 준다.

브리치즈올리브
또띠아샌드위치
· **427** kcal ·

INGREDIENTS

또띠아 1장
초록잎 채소 3줌
채 썬 적채 1줌
브리치즈 1/2컵
블랙 올리브 10개
토마토 1/2개
발사믹글레이즈 1T

만드는 법

1 토마토는 슬라이스하여 준비한다.

2 브리치즈는 길쭉하게 잘라 준비한다.

3 또띠아에 초록잎 채소, 채 썬 적채를 올려 준다.

4 브리치즈, 토마토, 블랙 올리브를 올려 준다.

5 발사믹글레이즈를 올려 준다.

6 또띠아를 꾹꾹 눌러 단단히 포장한다.

김치볶음잡곡 유부초밥
• **461**kcal •

INGREDIENTS

초밥용 유부 3개	김치볶음 토핑	참기름 1/2t
초밥용 밥 1컵	김치 1컵	매실청 1/2t
올리브유 1T	대파 1/4대	고춧가루 1/2t
	양파 1/4개	참기름 1/2t
	간장 1/2t	깨 1/2t
	알룰로스 1/2T	

만드는 법

1 김치를 다져서 준비한다.

2 대파는 쫑쫑 썰어 준비한다.

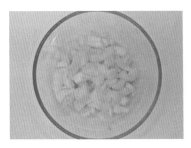

3 양파를 다져서 준비한다.

4 손질한 김치, 대파, 양파와 나머지 김치볶음 토핑 재료를 모두 섞은 후 예열된 팬에 올리브유를 두르고 볶아 준다.

5 유부에 초밥용 밥을 2/3가량 꾹꾹 눌러서 채워 준다.

6 김치볶음 토핑을 올려 준다.

토마토 모차렐라
또띠아샌드위치

· **457**kcal ·

INGREDIENTS

또띠아 1장
초록잎 채소 3줌
채 썬 적채 1줌
모차렐라치즈 2T
올리브유 1T
토마토 1/2개

대파 1/4대
양파 1/4개
파프리카 1/4개
파프리카가루 1t
케첩 1T
후추 약간

만드는 법

1 토마토, 대파, 양파, 파프리카는 모두 다져 서 준비한다. 예열된 팬에 올리브유를 두 른 후 대파와 양파 넣고 볶아 준다.

2 1에 토마토, 파프리카, 파프리카가루, 케 첩, 후추 약간을 넣고 볶아 준다.

3 또띠아에 초록잎 채소, 채 썬 적채를 올려 준다.

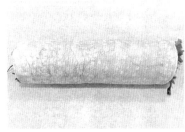

4 토마토볶음과 모차렐라치즈를 함께 올려 준다.

5 또띠아를 꾹꾹 눌러 단단히 포장한다.

48일
923 kcal

돼지고기꽈리고추 덮밥
• 526 kcal •

INGREDIENTS

꽈리고추 5개	양념장
현미밥 1컵 150g	간장 1t
다진 돼지고기 80g	설탕 1t
대파 1/2대	굴소스 1t
다진 마늘 2T	맛술 1/2t
올리브유 1T	

만드는 법

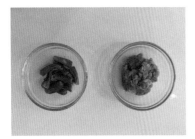

1 꽈리고추는 반으로 잘라서 준비한다.

2 예열된 팬에 올리브유를 두른 후 다진 마늘과 파를 넣고 볶아 준다.

3 2에 돼지고기를 넣고 함께 볶아 준다.

4 양념장 재료를 모두 섞어 준비한다. 3의 고기가 익으면 꽈리고추와 양념장을 넣어 볶아 준다.

5 접시에 삶은 채소와 현미밥을 담아 준다.

6 돼지고기꽈리고추볶음을 올려 준다.

와사비크래미두부 유부초밥

• **397**kcal •

INGREDIENTS

초밥용 유부 3개
두부 1컵(150g가량)

와사비크래미 토핑
크래미 2/3컵
채 썬 오이 1/4컵
마요네즈 2T
와사비 1t
후춧가루 약간

만드는 법

1 크래미는 잘게 찢고, 오이는 잘게 채 썰어 준비한다.

2 1과 나머지 와사비크래미 토핑 재료를 모두 섞어 준다.

3 유부에 초밥용 두부를 1/2~2/3가량 꾹꾹 눌러서 채워 준다.

4 3에 와사비크래미 토핑을 올려 준다.

칠리새우 덮밥

· **610** kcal ·

INGREDIENTS

삶은 채소 1컵	칠리새우 소스
현미밥 1컵(150g)	고춧가루 1t
올리브유 2T	케첩 1t
새우 6마리(약 5cm 길이)	식초 1t
소금, 후추 약간	설탕 1t
버터 1토막	간장 1/2t
다진 마늘 1t	고추기름 1/2t
양파 1/4개	물 1T

만드는 법

1 새우는 물에 씻어 물기를 제거한 후 소금, 후추를 뿌려 준다.

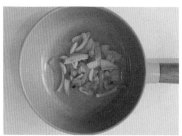

2 예열된 팬에 올리브유를 두른 후 다진 마늘, 양파, 버터를 넣고 볶아 준다.

3 칠리새우 소스 재료를 모두 섞어 준비한다. 2에 새우와 칠리새우 소스를 넣고 볶아 준다.

4 접시에 삶은 채소와 현미밥을 담아 준다.

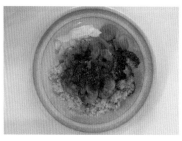

5 칠리새우를 올려 준다.

커리잡곡 유부초밥

• **314**kcal •

INGREDIENTS

초밥용 유부 3개
초밥용 밥 1컵

커리 토핑
감자 1/2개
당근 1/4개
양파 1/4개
고형카레 1조각
버터 1토막
물 2/3컵
생크림 2T

만드는 법

1 감자, 당근, 양파는 토막 내어 준비한다.
버터를 두른 팬에 양파, 당근, 감자 순으로
볶아 준다.

2 나머지 재료들을 모두 넣고 감자가 다 익
을 때까지 충분히 끓여 준다.

3 유부에 초밥용 밥을 2/3가량 꾹꾹 눌러
서 채워 준다.

4 3에 커리 토핑을 올려 준다. 남은 커리는
냉장고에 보관하여 사용한다.

50일
928 kcal

칠리새우두부 유부초밥

• 517 kcal •

INGREDIENTS

초밥용 유부 3개
두부 1컵(150g가량)
새우 6마리(약 5cm 길이)
소금 약간
후추 약간
올리브유 1T

칠리새우 양념
고춧가루 1t
케첩 1t
식초 1t
설탕 1t
간장 1/2t
고추기름 1/2t
물 1T

만드는 법

1 새우는 물에 씻어 물기를 제거한 후 소금, 후추를 뿌려 준다.

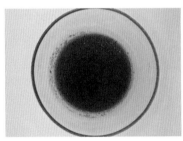

2 칠리새우 양념 재료를 모두 섞어 준다.

3 예열된 팬에 올리브유를 두른 후 새우와 칠리새우 양념을 넣고 중불에서 볶아 준다.

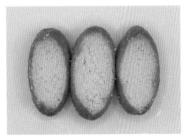

4 유부에 초밥용 두부를 1/2~2/3가량 꾹꾹 눌러서 채워 준다.

5 4에 칠리새우를 2마리씩 올린 후 마요네즈를 드리즐하여 올려 준다. 새우 크기가 작을 경우 3마리씩 올려 준다.

참타리버섯 또띠아샌드위치

• **411** kcal •

INGREDIENTS

또띠아 1장
초록잎 채소 3줌
채 썬 적채 1줌
올리브유 1T
참타리버섯 2컵
간장 1/2t
알룰로스 1T

만드는 법

1 참타리버섯은 잘게 찢어서 준비한다.

2 예열된 팬에 올리브유를 두른 후 참타리
버섯, 간장, 알룰로스를 넣고 볶아 준다.

3 또띠아에 초록잎 채소, 채 썬 적채를 올려
준다.

4 3에 참타리버섯볶음을 올려 준다.

5 또띠아를 꾹꾹 눌러 단단히 포장한다.

PART 4

저칼로리
클렌즈주스

저칼로리 클렌즈주스 메뉴 소개

	식단	칼로리
1	비트레몬 클렌즈주스	154
2	딸기사과 클렌즈주스	274
3	바나나망고 클렌즈주스	285
4	아보카도망고 클렌즈주스	348
5	샤인머스캣케일 클렌즈주스	327
6	키위바나나 클렌즈주스	249
7	블루베리딸기 클렌즈주스	258
8	적포도딸기 클렌즈주스	276
9	아보카도귤 클렌즈주스	439
10	자몽오렌지 클렌즈주스	223

건강과 다이어트를 한 잔에!

바쁜 일상에서 건강을 유지하고 체중을 관리하는 데 효과적이라는 이유로 아침에 과일을 갈아 주스로 마시는 사람이 많습니다. 신선한 과일과 채소 그리고 필수 영양소가 풍부한 슈퍼푸드를 조합한 다이어트 주스 레시피를 소개합니다. 다이어트 주스는 체내 해독을 돕고 신진대사를 촉진하는 데 효과적입니다. 칼로리는 낮고 비타민, 미네랄, 항산화 성분이 풍부하여 체중 감량에 도움이 되면서도 필요한 에너지를 공급해 줍니다. 체내 노폐물을 제거하고 장 건강을 촉진하며, 피부 개선에도 기여합니다. 맛있고 부담 없는 한 잔으로 아침을 시작해 보세요. 아리미디저트에서 선보이는 시크릿 건강 다이어트 주스, 지금 경험해 보세요!

1 비트레몬 클렌즈주스 154kcal

비트, 당근, 레몬, 사과 믹스 주스 : 상큼한 활력이 가득

비트는 혈액순환을 촉진하고 해독 작용을 도와주며, 당근은 비타민 A가 풍부해 시력 보호와 면역력 강화에 효과적입니다. 레몬은 상큼한 디톡스 효과와 함께 비타민 C로 면역력을 높여 주고, 사과는 풍부한 식이섬유로 소화 촉진과 체중 관리에 도움을 줍니다. 신선하고 상쾌한 맛으로 활력을 더하고 건강을 챙겨 보세요.

2 딸기사과 클렌즈주스 274kcal

딸기, 아보카도, 사과 믹스 주스 : 풍부한 영양과 에너지

딸기는 비타민 C와 항산화제가 풍부해 면역력을 높이고, 피부 건강과 세포 재생을 도와줍니다. 아보카도는 건강한 지방, 비타민 E, 칼륨, 식이섬유가 풍부해 심장 건강을 지켜 주고 포만감을 오래 유지시켜 줍니다. 또한 항염증 효과로 체내 염증을 줄여 줍니다. 사과는 식이섬유와 항산화 성분을 통해 소화 기능을 개선하고, 혈당 조절 및 체중 관리에 도움을 줍니다. 에너지를 충전하고 건강한 다이어트를 돕는 데 탁월한 선택입니다.

3 바나나망고 클렌즈주스 285kcal

망고, 바나나, 레몬, 사과 믹스 주스 : 상큼함과 포만감이 가득

망고의 비타민 A와 C가 피부를 건강하게 가꾸고, 바나나는 빠르게 에너지를 공급하며 칼륨이 근육 회복을 도와줍니다. 레몬은 디톡스 효과와 함께 비타민 C로 면역력을 높이고, 사과는 식이섬유로 소화를 촉진하고 포만감을 줍니다. 하루를 건강하고 상쾌하게 시작해 보세요.

4 아보카도망고 클렌즈주스 348kcal

망고, 아보카도, 사과 믹스 주스 : 부드러운 건강함

망고는 비타민 A와 C가 풍부해 면역력과 피부 건강을 강화하고, 아보카도는 건강한 지방과 비타민 E로 심장 건강을 지키며 포만감을 오래 지속시켜 줍니다. 사과는 풍부한 식이섬유로 소화를 촉진하고, 체중 관리에 도움을 줍니다. 맛과 영양을 동시에 충족해 아침 대용으로 탁월한 선택입니다.

5 샤인머스캣케일 클렌즈주스 327kcal

케일, 샤인머스켓, 아보카도, 레몬 믹스 주스 : 신선한 에너지와 영양의 조화

케일은 각종 비타민과 미네랄이 풍부해 체내 활력을 불어넣고, 샤인머스켓은 상큼한 단맛으로 기분을 상쾌하게 해 줍니다. 아보카도는 풍부한 불포화 지방산과 영양소로 장시간 포만감을 유지시켜 주며, 레몬은 상큼한 맛과 함께 몸을 깨끗하게 정화해 주는 디톡스 효과를 제공합니다. 하루를 활기차게 시작하는 데 완벽한 선택입니다.

6 키위바나나 클렌즈주스 249kcal

시금치, 키위, 바나나, 사과 믹스 주스 : 자연 그대로의 영양이 가득

시금치의 풍부한 영양소와 키위의 상큼함, 바나나의 부드러운 달콤함, 사과의 신선함이 어우러진 건강한 에너지 드링크입니다. 시금치는 철분과 비타민이 가득해 피로 회복과 면역력 강화에 도움을 주고, 키위는 비타민 C와 식이섬유가 풍부해 소화 기능을 촉진하며 피부 건강을 지켜 줍니다. 바나나는 칼륨과 자연 당분이 에너지를 보충해 주며, 사과는 항산화 성분과 섬유질로 체중 관리와 소화를 도와줍니다. 하루의 활력을 높여 주고 자연 그대로의 영양을 간편하게 섭취할 수 있는 탁월한 선택입니다.

7 블루베리딸기 클렌즈주스 258kcal

블루베리, 딸기, 바나나, 사과 믹스 주스 : 상큼한 베리의 향연과 달콤함

블루베리는 항산화 성분이 풍부해 뇌 건강과 피부 개선에 도움을 주며, 딸기는 비타민 C가 풍부해 면역력을 강화하고 피부를 맑게 가꿔 줍니다. 바나나는 포만감과 에너지를 제공하며, 사과는 풍부한 섬유질로 소화를 돕고 체중 관리에 효과적입니다. 맛과 영양을 모두 담아내어 아침 대용으로 훌륭한 선택입니다.

8 적포도딸기 클렌즈주스 276kcal

적포도, 딸기, 바나나, 사과 믹스 주스 : 풍부한 항산화와 자연의 단맛

적포도는 항산화 성분이 풍부해 심장 건강을 돕고 노화 방지에 효과적이며, 딸기는 비타민 C와 항산화 물질로 면역력 강화와 피부 건강을 개선합니다. 바나나는 부드러운 식감과 에너지를 제공하며, 사과는 섬유질이 풍부해 소화를 돕고 포만감을 줍니다. 상쾌하고 활력 넘치는 하루를 위한 최적의 음료입니다.

9 아보카도귤 클렌즈주스 439kcal

귤, 아보카도, 토마토, 사과 믹스 주스 : 상큼함과 부드러움이 가득

귤은 비타민 C가 풍부해 면역력을 높이고 피로 회복에 도움을 주며, 아보카도는 건강한 지방과
비타민 E가 가득해 피부와 심장 건강을 지킵니다. 토마토는 항산화 성분인 라이코펜을 함유해
세포를 보호하고, 사과는 식이섬유로 소화와 체중 관리에 도움을 줍니다. 활력과 건강을 동시에
충전하세요.

10 자몽오렌지 클렌즈주스 223kcal

오렌지, 자몽, 사과 믹스 주스 : 상큼한 비타민이 가득

오렌지와 자몽은 비타민 C가 풍부해 면역력을 높이고 피로 회복을 도와주고, 자몽은 지방 분해를
촉진해 다이어트에 도움을 줍니다. 사과는 식이섬유가 풍부해 소화를 촉진하고 포만감을 오래
지속시켜 줍니다. 비타민 C가 가득해 그야말로 상큼함 100%의 음료입니다.

154
kcal

비트레몬 클렌즈주스

INGREDIENTS

비트 1/5개
당근 1/2개
레몬 1/2개
사과 1개
물 1/2컵

만드는 법

모든 재료를 믹서에 넣고 갈아 준다.

274
kcal

딸기사과 클렌즈주스

INGREDIENTS

딸기 8개
아보카도 1/2개
사과 1/2개
물 1컵

만드는 법

모든 재료를 믹서에 넣고 갈아 준다.

285
kcal

바나나망고 클렌즈주스

INGREDIENTS

망고 1/2개
바나나 1개
레몬 1/2개
사과 1개
물 1/2컵

만드는 법

모든 재료를 믹서에 넣고 갈아 준다.

348
kcal

아보카도망고 클렌즈주스

INGREDIENTS

망고 1/2개
아보카도 1/2개
사과 1개
물 1/2컵

만드는 법

모든 재료를 믹서에 넣고 갈아 준다.

327 kcal

샤인머스캣케일 클렌즈주스

INGREDIENTS

케일 4장
샤인머스캣 15알
아보카도 1/2개
레몬 1/2개
물 1/2컵

만드는 법

모든 재료를 믹서에 넣고 갈아 준다.

249 kcal

키위바나나 클렌즈주스

INGREDIENTS

시금치 10장
키위 1개
바나나 1개
사과 1개
물 1/2컵

만드는 법

모든 재료를 믹서에 넣고 갈아 준다.

258
kcal

블루베리딸기 클렌즈주스

INGREDIENTS

블루베리 20알
딸기 6개
바나나 1개
사과 1개
물 1/2컵

만드는 법

모든 재료를 믹서에 넣고 갈아 준다.

276
kcal

적포도딸기 클렌즈주스

INGREDIENTS

적포도 10알
딸기 6개
바나나 1/2개
사과 1개
물 1/2컵

만드는 법

모든 재료를 믹서에 넣고 갈아 준다.

439 kcal

아보카도귤 클렌즈주스

INGREDIENTS

귤 2개
아보카도 1/2개
토마토 1/2개
사과 1개
물 1/2컵

만드는 법

모든 재료를 믹서에 넣고 갈아 준다.

223 kcal

자몽오렌지 클렌즈주스

INGREDIENTS

오렌지 1개
자몽 1/2개
사과 1개

만드는 법

모든 재료를 믹서에 넣고 갈아 준다.